国家职业技能
竞赛组织实施

中国就业培训技术指导中心 编

中国劳动社会保障出版社

图书在版编目(CIP)数据

国家职业技能竞赛组织实施指南/中国就业培训技术指导中心编.—北京：中国劳动社会保障出版社，2008
ISBN 978-7-5045-7189-2

Ⅰ.国… Ⅱ.中… Ⅲ.技术工人-竞赛-组织管理-中国-学习参考资料 Ⅳ.T-29

中国版本图书馆CIP数据核字(2008)第074230号

中国劳动社会保障出版社出版发行

（北京市惠新东街1号　邮政编码：100029）

出 版 人：张梦欣

*

北京隆昌伟业印刷有限公司印刷装订　新华书店经销
787毫米×1092毫米　16开本　11.5印张　124千字
2008年5月第1版　2018年4月第12次印刷
定价：22.00元

读者服务部电话：(010) 64929211/64921644/84626437
营销部电话：(010) 64961894
出版社网址：http://www.class.com.cn

版权专有　侵权必究

如有印装差错，请与本社联系调换：(010) 50948191
我社将与版权执法机关配合，大力打击盗印、销售和使用盗版图书活动，敬请广大读者协助举报，经查实将给予举报者奖励。
举报电话：(010) 64954652

寄 语

　　职业技能竞赛，是培养和选拔高技能人才的重要阵地，也是展示劳动者技术水平和操作能力的竞技舞台。组织好高水平的职业技能竞赛，意义重大。希望各地劳动保障部门、有关行业部门和中央企业，认真学习掌握和参考借鉴《指南》，不断丰富竞赛内容，不断完善竞赛形式，不断提高竞赛质量，使我国职业技能竞赛活动提高到一个新的水平，使其在高技能人才工作中发挥更大作用。

人力资源和社会保障部副部长

编审委员会

主　审：张小建
副主审：于法鸣　刘　康　张　斌　宋　建

编辑委员会

主　编：王晓君　贾伟一
副主编：刘新昌　刘　伟

编写人员

（按姓氏笔画）
丁传峰　田　丰　左兆龙　刘迺兰　刘淑静
向守源　宋晨曦　张友权　张　雷　杨耀基
黄建荣　童志明

前 言

职业技能竞赛活动是推动我国高技能人才队伍建设的重要手段之一。2006年4月,中共中央办公厅、国务院办公厅下发了《关于进一步加强高技能人才工作的意见》,明确要求广泛开展各种形式的岗位练兵和职业技能竞赛活动,为发现和选拔高技能人才创造条件。

近年来,不同层次、不同类别的职业技能竞赛发展极为迅速,呈现出竞赛内容紧贴生产实际、竞赛组织形式丰富多样、竞赛技术水平稳步提高、竞赛参与覆盖面逐步扩大等特点。

为适应竞赛组织工作的发展需要,加强对技能竞赛的技术指导和规范管理,加速提高其管理水平和工作水平,中国就业培训技术指导中心在借鉴以往工作经验、研究各级各类竞赛先进工作方法的基础上,对职业技能竞赛工作进行了认真梳理和总结，编写了《国家职业技能竞赛组织实施指南》（以下简称《指南》）。

《指南》由10大部分及附件组成，涵盖了职业技能竞赛全过程各主要环节，内容包括竞赛概要、竞赛申报和备案、竞赛准备、竞赛组织实施、技术点评、竞赛安全、竞赛质量监督与仲裁、竞赛总结、竞赛宣传和国际竞赛等。为便于操作，我们在部分内容中编制了工作流程图。同时，专列出附件部分，主要是将涉及职业技能竞赛的政策、文件和相关资料进行汇编，供各地劳动保障部门、有关行业部门和相关企业参考。

在《指南》的编写过程中，我们得到了有关省市、行业部门和中央企业的大力支持，他们提出了十分有价值的意见和建议，在此一并感谢。

中国就业培训技术指导中心

目录

第一部分　竞赛概要

一、竞赛的定义 2

二、竞赛组织机构和职能 2

三、竞赛的依据 3

　（一）法律法规 3

　（二）政策性文件 3

　（三）技术指导性文件 3

四、竞赛的分类 4

五、竞赛的奖励政策 4

六、注意事项 5

第二部分　竞赛申报和备案

一、竞赛的申报条件 8

　（一）竞赛主办单位的资格条件 8

　（二）竞赛职业（工种）的设置 8

　（三）竞赛的实施期限 8

（四）竞赛的规模 9
（五）参赛选手条件 9
（六）竞赛裁判人员 9
二、竞赛的申报 9
（一）竞赛的申报时间 9
（二）竞赛的申报材料 9
三、竞赛的备案 10
（一）竞赛备案时间 10
（二）竞赛备案材料 10
四、注意事项 11

第三部分　竞赛准备

一、下发竞赛通知 14
二、组委会或秘书处工作会议 14
三、裁判员培训认证 14
四、专家工作会 17
五、命题工作 17
六、赛场检验工作 17
七、决赛现场标志的设置 17
八、裁判员会和领队会 17
九、抽签工作 18
十、注意事项 18

第四部分　竞赛组织实施

  一、决赛开幕式 20
  二、组织竞赛 20
    （一）理论考试 20
    （二）实际操作考试 21
  三、工作例会 21
  四、技术点评 21
  五、决赛闭幕式 21
  六、注意事项 21

第五部分　技术点评

  一、技术点评要求 24
  二、技术点评时间 25
  三、技术点评形式 25
  四、技术点评主要内容 25

第六部分　竞赛安全

  一、现场安全 30
  二、医疗救护 30
  三、交通安全 30
  四、食品卫生 30
  五、注意事项 31

第七部分　竞赛质量监督与仲裁

一、竞赛质量监督 33
二、争议解决 33

第八部分　竞赛总结

一、竞赛总结材料 36
二、技术点评材料 36
三、各项奖励申报表 36
四、注意事项 36

第九部分　竞赛宣传

第十部分　国际竞赛

第十一部分　附件

附件一　政策性文件 42
关于进一步加强高技能人才工作的意见（中办发〔2006〕15号）..42
关于进一步加强职业技能竞赛管理工作的通知（劳社部发〔2000〕6号）... 53
关于申办全国职业技能竞赛及参加国际竞赛活动有关事项的通知（劳社培就司发〔2000〕6号）..................... 56
关于印发《国家职业技能竞赛技术规程》（试行）的通知（劳赛组办发〔2003〕1号）............................. 58

关于印发《国家级职业技能竞赛裁判员管理办法》（试行）的通知（劳赛组办发〔2003〕2号） 68

关于印发《职业技能竞赛技术点评要点》（试行）的通知（劳赛组函〔2007〕1号） 74

附件二 样本文件 79

竞赛实施方案（以首届全国数控技能大赛为例） 79

竞赛技术纲要（以第二届全国数控技能大赛竞赛为例） 86

保密协议（以第二届全国技工院校技能大赛为例） 89

抽签办法和赛务注意事项（以第二届全国技工院校技能大赛为例） 92

竞赛规则（以第二届全国技工院校技能大赛为例） 95

考场纪律 100

裁判工作守则 102

参赛选手守则 103

大赛违纪处理规定 104

安全守则 108

竞赛组织机构职责 109

国际青年奥林匹克技能竞赛规章 112

附件三 竞赛标准 153

比赛评分标准（以焊接比赛为例） 153

比赛统计用表（以焊接比赛为例） 157

附件四 各类表格样式 159

MULU

全国职业技能竞赛申请备案表 159
国家职业技能竞赛裁判员资格证书登记表 163
国家职业技能竞赛裁判员审验申请表 164
全国技术能手申报表 165
职业技能竞赛获奖选手晋升职业资格等级审批表 170
全国职业技能竞赛晋升职业资格人员汇总表 171

第一部分 竞赛概要

JINGSAI GAIYAO

第一部分　竞赛概要

一、竞赛的定义

职业技能竞赛是指依据国家职业标准，根据国家经济建设发展对高技能人才的需要，结合生产和服务工作实际需要，开展的有组织的群众性职业技能竞赛活动。其最主要的特点是突出考核操作技能，突出提高解决实际问题的能力。

二、竞赛组织机构和职能

竞赛各主办单位共同组建竞赛组织委员会，全面负责竞赛的组织管理工作。组织委员会下设竞赛组织委员会办公室（秘书处），具体负责竞赛的组织实施工作。

竞赛组织委员会负责竞赛的整体安排和组织管理；指导竞赛组织委员会办公室（秘书处）和竞赛评判委员会的工作；对竞赛期间的重大事项进行决策；对竞赛各项组织和赛务工作进行监督检查。

竞赛组织委员会办公室（秘书处）在竞赛组织委员会的领导下，具体负责竞赛的组织安排和日常管理工作。主要包括制订竞赛的具体组织方案及实施计划，并组织和监督实施；负责与竞赛各相关单位的日常沟通和协调；负责竞赛期间的各项宣传工作；负责竞赛奖品、物品（包括纪念品、宣传品等）的设计、制作和管理；负责竞赛经费的筹措、使用和管理；负责竞赛的总结和统计分析等工作。

为做好竞赛的各项技术工作，必须要成立竞赛评判委员会。竞赛评判委员会在竞赛组织委员会的领导下，全面负责竞赛的各项赛务工作。主要包括组织制订竞赛规则、评分标准及相关竞赛技术性文件；

负责竞赛复习大纲、辅导资料等的编制；负责参赛选手的培训和辅导；负责竞赛场地、器械、设备（包括对考试试件的检测设备）的检验、检测、确认及分配；负责竞赛各阶段的评判工作；负责竞赛结果的核实、发布，并参与竞赛结果的复核等。为保证竞赛命题的公正性和保密性，竞赛评判委员会下设命题组，专门负责竞赛命题工作。

各竞赛机构须在竞赛组织委员会的统一领导下，明确各自的职责任务，分工协作，合力办好竞赛活动。

三、竞赛的依据

（一）法律法规

中华人民共和国劳动法

（二）政策性文件

1. 关于进一步加强高技能人才工作的意见（中办发〔2006〕15号）

2. 关于进一步加强职业技能竞赛管理工作的通知（劳社部发〔2000〕6号）

3. 关于申办全国职业技能竞赛及参加国际竞赛活动有关事项的通知（劳社培就司发〔2000〕6号）

（三）技术指导性文件

1. 关于印发《国家职业技能竞赛技术规程》（试行）的通知（劳赛组办发〔2003〕1号）

2. 关于印发《国家级职业技能竞赛裁判员管理办法》（试行）的通知（劳赛组办发〔2003〕2号）

3. 关于印发《职业技能竞赛技术点评要点》（试行）的通知（劳赛

组办函〔2007〕1号）

四、竞赛的分类

我国职业技能竞赛活动实行分级分类管理，竞赛活动分为国家级职业技能竞赛和省级职业技能竞赛两级。国家级职业技能竞赛活动又分为两类：跨行业（系统）、跨地区的竞赛活动为国家级一类竞赛；单一行业（系统）的竞赛活动为国家级二类竞赛。国家级一类竞赛由人力资源和社会保障部牵头组织，可冠以"全国""中国"等竞赛活动的名称；国家级二类竞赛由国务院有关行业部门、行业（系统）组织或有关中央企业牵头举办，可冠以"全国××行业（系统）××职业（工种）"或"××集团公司××职业（工种）"等竞赛活动名称。除上述两类竞赛外，其他竞赛活动不得冠以"全国""中国"等名称，不享受国家有关奖励政策。

五、竞赛的奖励政策

根据原劳动和社会保障部职业技能竞赛管理工作的有关规定，设置竞赛奖励政策如下：

（一）原劳动和社会保障部对国家级一类竞赛各职业（工种）个人赛决赛获得前5名、国家级二类竞赛各职业（工种）个人赛决赛获得前3名和在国际竞赛活动个人赛决赛中进入前8名的选手（以上各类竞赛学生组除外），经核准后，授予"全国技术能手"荣誉称号，颁发证书、奖章和奖牌；根据竞赛职业（工种）国家职业标准资格等级的设置，上述人员可晋升技师职业资格，已具有技师职业资格的，可晋升高级技师职业资格。

（二）原劳动和社会保障部对国家级一类竞赛各职业（工种）学生

组个人赛决赛获得前5名、国家级二类竞赛各职业（工种）学生组个人赛决赛获得前3名和在国际竞赛活动学生组个人赛决赛中进入前8名的选手，根据竞赛职业（工种）国家职业标准资格等级的设置，上述人员可晋升技师职业资格。

（三）原劳动和社会保障部对国家级一类竞赛各职业（工种）个人赛决赛获得第6～20名、国家级二类竞赛各职业（工种）个人赛决赛获得第4～15名的选手，根据竞赛职业（工种）国家职业标准资格等级的设置，上述人员可晋升高级工职业资格，已具有高级工职业资格的，可晋升技师职业资格（学生组最高至高级工职业资格）。

（四）竞赛组织委员会可以根据竞赛实际情况，制订竞赛个人和团体的奖项名称及相应奖励政策。

六、注意事项

选手在参加一项竞赛的全过程中（包括初赛、选拔赛、复赛、决赛等），理论与实操考试均取得合格成绩后，方能根据相关规定晋升相应职业资格，每项竞赛最终只能晋升一级职业资格。

第二部分

竞赛申报和备案

JINGSAI SHENBAO HE BEIAN

第二部分 竞赛申报和备案

一、竞赛的申报条件

（一）竞赛主办单位的资格条件

能够独立承担民事责任的各综合部门、各行业主管部门（行业组织）、各人民团体、各中央企业等；有与竞赛组织工作要求相适应的组织机构和管理人员；有竞赛职业（工种）的国家级裁判员或与竞赛水平相适应的裁判员候选人，能按要求参加国家级裁判员培训考核并承担相应的赛务工作；有与竞赛规模相适应的经费支持；具备竞赛所需的场所、设施和器材。具备以上条件的单位均可申请担任国家级竞赛活动的主办单位。

（二）竞赛职业（工种）的设置

竞赛主办单位应选择科技含量较高、技术性强、通用性广、从业人员较多和影响较大的职业（工种）开展竞赛活动。同时，要求举办竞赛的职业（工种）必须具有原劳动和社会保障部颁发的国家职业标准，且具有国家职业资格二级（含二级）以上等级资格。相同的职业（工种）在两年内不得重复举办国家级竞赛活动。为确保竞赛质量，减轻企业负担，原则上每项竞赛设置职业（工种）限制在三个以内。

（三）竞赛的实施期限

为加强竞赛活动的整体宣传，突出其社会影响，原劳动和社会保障部每年将组织开展全国职业技能竞赛系列活动，并召开总开幕式和总闭幕式。为配合此项活动的整体运作，各类竞赛活动应在当年全国竞赛系列活动总闭幕式前一个月结束并确认竞赛结果。各竞赛主办单位应合理安排工作，确保竞赛在年内组织完成。

（四）竞赛的规模

举办国家级一类竞赛每一职业（工种）的同一竞赛组别参加决赛人数不得少于60人；举办国家级二类竞赛每一职业（工种）的同一竞赛组别参加决赛人数不得少于30人。参加决赛的选手必须经过公平、公正、公开的初赛、选拔赛产生。

（五）参赛选手条件

凡从事竞赛相关职业（工种）的从业人员，具有中级工（国家职业资格四级）（含中级工）以上职业资格，均可报名参加相应职业（工种）和组别的竞赛，其中报名参加学生组竞赛的，必须是在校学习且没有工作经历的学生。已获得"中华技能大奖""全国技术能手"荣誉称号的人员，不得以选手身份参加竞赛活动。

（六）竞赛裁判人员

凡举办国家级职业技能竞赛必须使用国家级裁判员担任执裁工作，不具备国家级裁判员队伍的，应由主办单位向原劳动和社会保障部职业技能鉴定中心提交书面申请，并在其指导下组织开展裁判员培训认证工作。

二、竞赛的申报

（一）竞赛的申报时间

根据人力资源和社会保障部每年第四季度下发的通知要求，报送下一年度的开展国家级竞赛计划。

（二）竞赛的申报材料

1. 关于举办国家级职业技能竞赛的申请。

2. 全国职业技能竞赛系列活动项目申报表。

3. 竞赛职业（工种）的背景情况和可行性分析报告。

竞赛申报流程图

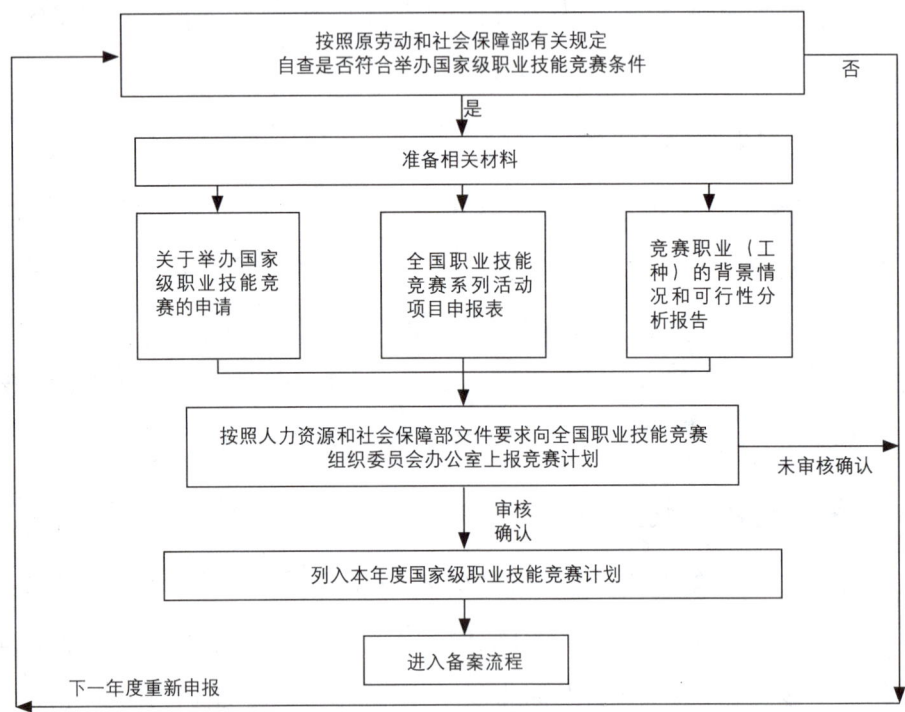

三、竞赛的备案

（一）竞赛备案时间

竞赛主办单位应于启动竞赛活动两个月前，经其主管部门审核后，报人力资源和社会保障部竞赛管理部门备案。

（二）竞赛备案材料

1. 申请备案报告。

2. 国家级职业技能竞赛申请备案表（一式三份）。

竞赛备案流程图

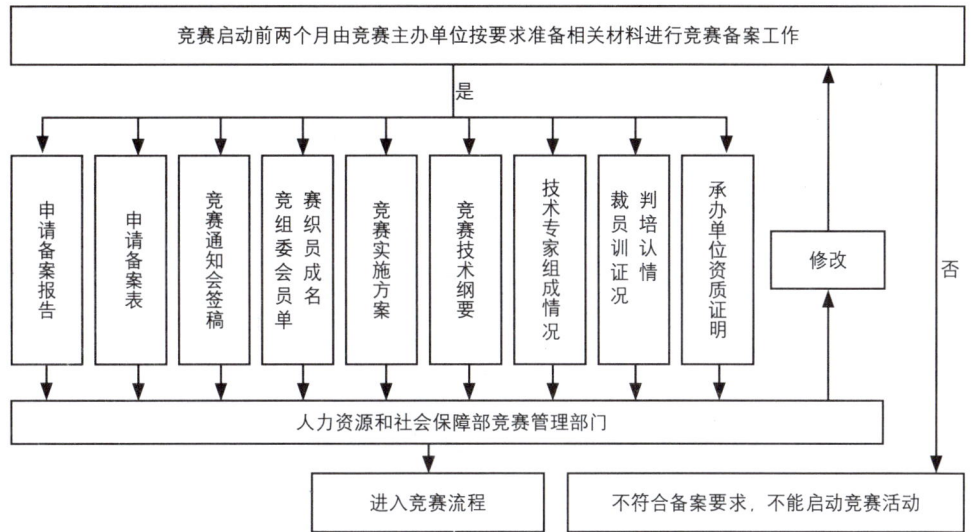

3. 竞赛通知会签稿草稿（附电子版）。

4. 竞赛组织委员会成员名单（附电子版）。

5. 竞赛实施方案（样本见附件）。

6. 竞赛技术纲要（样本见附件）。

7. 技术专家组成情况。

8. 裁判员培训认证情况［尚未组建竞赛职业（工种）国家级裁判员队伍和国家级裁判员队伍人数不足的，应附国家级裁判员培训计划］。

9. 承办单位资质证明。

竞赛主办单位组织开展竞赛活动，要严格按照备案或批准的竞赛组织实施方案开展工作，如对竞赛方案进行调整，需重新履行备案手续。

四、注意事项

（一）有关部门或中央企业举办国家级竞赛活动，应事先与所涉

及竞赛职业（工种）的行业主管部门就竞赛内容、国家级竞赛裁判员队伍建设、晋升职业资格等问题沟通一致后，再提出竞赛申请。

（二）多单位联合发文组织竞赛，应事先做好沟通工作。

1. 部级单位联合发文组织竞赛

部级单位联合发文组织竞赛，除按规定办理备案手续外，在联合发文前，需由发起部门发函商请其他部门共同办理。例如，水利部计划与人力资源和社会保障部、中华全国总工会共同主办水利竞赛活动，应在会签文件前，由水利部向有关部委（办公厅）发出"商请函"，经有关部委领导批示后，再会签共同发文。

2. 局级单位联合发文组织竞赛

局级单位联合组织竞赛，可直接将备案手续和竞赛通知会签稿一并报给人力资源和社会保障部竞赛管理部门，由相关领导审批签发。

（三）为保证竞赛质量，各主办单位要认真如实申报参加决赛的人数，同时认真核对此职业（工种）以前举办竞赛的情况，确保相同职业（工种）的竞赛两年内不重复。

（四）没有制定国家职业标准的职业（工种）不得举办国家级竞赛活动。各地区劳动和社会保障部门、行业主管部门（行业组织）、中央企业等应努力创造条件，配合原劳动和社会保障部职业技能鉴定中心积极推进国家职业标准的开发和完善工作，为竞赛活动的举办奠定良好基础。

第三部分

竞赛准备

JINGSAI ZHUNBEI

第三部分　竞赛准备

竞赛准备流程图

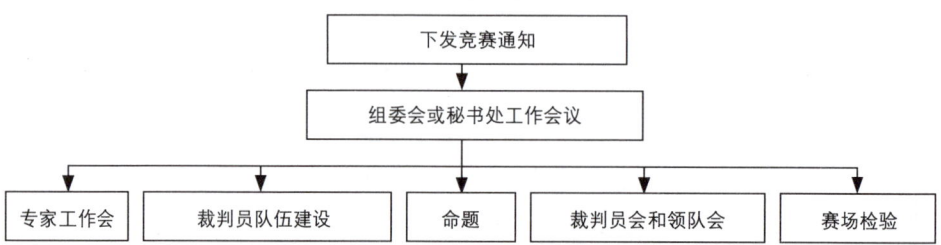

一、下发竞赛通知

竞赛各主办单位在竞赛各重要环节的准备工作基本落实后,应共同会签和下发开展职业技能竞赛活动的通知,通知对竞赛各重要环节作出原则规定并公布竞赛组织委员会成员名单等,表明竞赛活动正式启动。

二、组委会或秘书处工作会议

竞赛通知下发后,应于赛前适当时间召开竞赛组织委员会成员工作会议,研究竞赛实施方案等相关文件并通报竞赛准备工作情况。

三、裁判员培训认证

国家级裁判员培训认证流程图

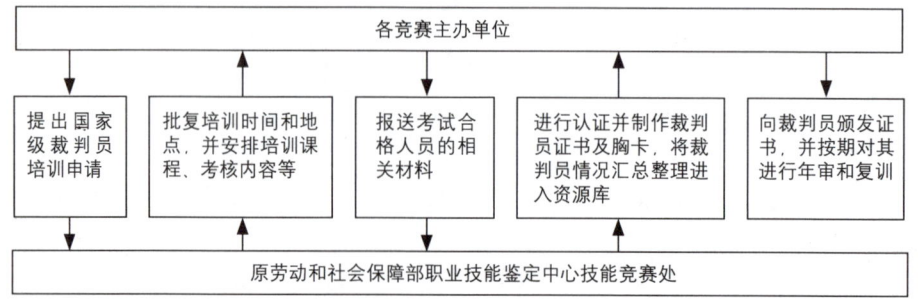

国家级裁判员年审流程图

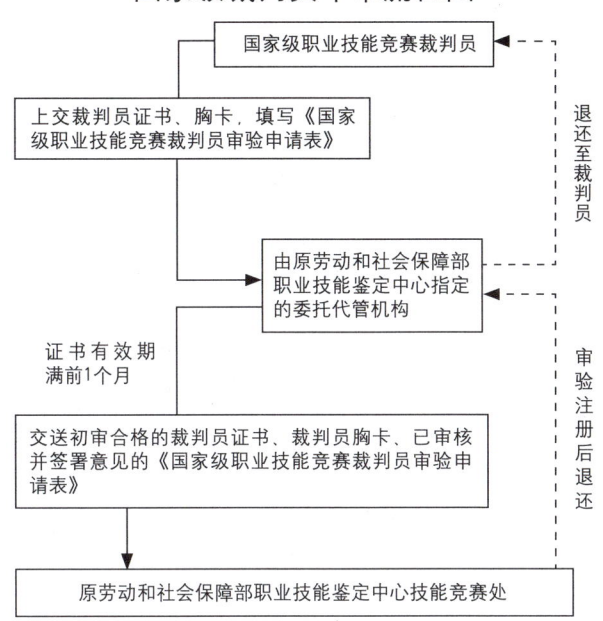

按照《国家级职业技能竞赛裁判员管理办法》的相关规定，举办国家级职业技能竞赛活动的主办单位根据竞赛组织需要，向原劳动和社会保障部职业技能鉴定中心提交国家级职业技能竞赛裁判员培训认证工作书面申请，经批准后，由各赛区（或参赛单位）按照国家级裁判员条件推荐候选人参加培训，经考试合格后颁发国家级职业技能竞赛裁判员证书和胸卡，并从中选择适当人选参加竞赛执裁工作。

（一）申报时间

各竞赛主办单位应于全国决赛前3个月向原劳动和社会保障部职业技能鉴定中心提交书面申请。

（二）申报材料

1. 主办单位关于开展××职业国家级职业技能竞赛裁判员培训

的请示［主要内容包括培训目的、培训职业（工种）、培训对象和人数、培训时间、培训地点和培训内容等］。

2. 国家级职业技能竞赛裁判员审验审批表（详见附件）。

（三）裁判员的基本条件和适用范围

1. 坚持四项基本原则，热爱本职工作，具有良好的职业道德和心理素质。

2. 从事本职业（工种）工作15年以上，并在本职业（工种）技术、技能方面获得较高声誉。

3. 原则上应具有本职业高级考评员资格或技师以上职业资格或本专业中级以上专业技术职务任职资格。

4. 原则上年龄应在65周岁以下，身体健康，能够胜任裁判工作。

5. 具有较高的裁判理论水平和丰富的实践操作经验。

6. 具有较丰富的临场执法经验和组织现场裁决能力。

7. 具有全国或省级竞赛活动裁判工作经验的优先考虑。

国家级竞赛裁判员可执裁国家级及以下各级各类职业技能竞赛活动。

（四）培训认证和年审

1. 裁判员参加培训后，经原劳动和社会保障部职业技能鉴定中心考试并认证合格，颁发国家级职业技能竞赛裁判员证书和胸卡。

2. 为不断提高裁判员质量，对其进行动态管理，原劳动和社会保障部职业技能鉴定中心根据裁判员的工作表现及所属行业主管部门（行业组织）和其所参赛职业（工种）裁判长的评价意见，每两年对裁判员进行年审一次，并在其证书上进行注册登记；每四年进行一次更新知识培训考核。复训时间一般安排在证书有效期满前一个月进行。

四、专家工作会

全国决赛前应视具体情况组织若干次专家工作会议,研究制订竞赛技术实施方案、命题要点、裁判规则等技术文件。

五、命题工作

参与竞赛命题的人选由竞赛评判委员会提名并报竞赛组织委员会办公室(秘书处)研究确定。命题工作一般在决赛前一周内进行,在命题过程中,命题人员必须与组委会签订保密协议书,并采取封闭管理方式确保命题工作的顺利进行。命题人员一般不参加竞赛评判工作,且在理论和实操考试开题后结束封闭。

六、赛场检验工作

竞赛组织委员会办公室(秘书处)应在决赛前1~2个月按照竞赛技术文件的各项要求,组织有关人员检查比赛场地、设备、原材料、配套设施及安全措施等情况。各项目裁判长要在准备期间,根据命题思路多次安排与场地、设备、工量具、原材料等准备单位进行密切沟通,并最终进行检查和验收,如有问题,要及时进行调整和完善。

七、决赛现场标志的设置

理论和实操考试时,应在现场各职业(工种)入口处设置清晰明显的指示牌,注明竞赛职业(工种)名称、竞赛主要内容、竞赛目的、参赛人数、技术难度和时间等。

八、裁判员会和领队会

一般在赛前一周左右组织召开裁判员会,由参加技术筹备工作的

主要专家详细讲解决赛相关技术问题和注意事项。竞赛相关组织机构进行裁判员工作分工和选手比赛抽签等相关事宜的准备工作并组织命题组人员编制决赛理论和实操考题等。

领队会一般在赛前一天召开，主要介绍竞赛准备情况、决赛要求和注意事项，进行领队抽签等工作。领队抽签选出本代表队选手理论考试时间和座次以及实操考试场次等，由工作人员及时将登记表制出一式两份，工作人员和选手各执一份备案，选手必须持该表参加理论和实操考试。

九、抽签工作

为保证公平、公开、公正的竞赛秩序，竞赛决赛开展前，相关部门应组织各代表队领队（条件许可时，也可扩大至所有参赛选手）参加抽签工作。抽签号码为参赛选手在竞赛中唯一的身份标志。抽签号码与选手身份的对应关系需要进行保密管理。

十、注意事项

竞赛组织单位应在竞赛组织开展前进行相应的经费预算和筹措，可通过申请专项经费、自筹、赞助、向参赛选手收取适当的参赛费等方式筹措。

第四部分

竞赛组织实施

JINGSAI ZUZHI SHISHI

第四部分　竞赛组织实施

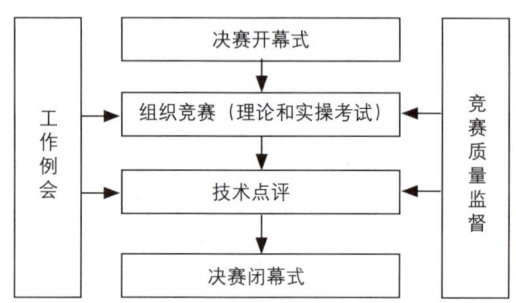

竞赛组织实施流程图

一、决赛开幕式

主要内容包括：选手入场式，奏国歌（或会歌）、升国旗（或会旗），领导、嘉宾致辞，裁判员、选手宣誓，宣布竞赛规则、要求和相关宣传庆祝活动等。

开幕式整个过程应本着高效、节约、节能、环保的原则进行。

二、组织竞赛

（一）理论考试

理论考试应分职业（工种）在不同场所分别进行并明确告之所有参加考试的人员。考位应设置明显标志，参加考试人员应将准考证等有关证件放置在桌面右上角以备查验。

为防止作弊行为，考场应有适当空间，并安排好照明等。考场应根据需要合理安排监考人员，同时制定考场纪律，对违纪者要严肃处理。

考试结束后，监考人员应将卷头封闭，并交送保密室保存，在裁

判长指导下,按规定程序进行判卷工作。根据竞赛职业(工种)实际情况,积极开展标准化评判,避免人为因素干扰。

(二)实际操作考试

实际操作考试时,选手通过抽签选取工位,并佩戴明显标志,按照题目要求进行操作。为方便选手及时了解赛程情况,各竞赛职业(工种)的赛程安排表应印在参赛选手的参赛证背面,以方便选手查看。

三、工作例会

为及时沟通和化解矛盾,竞赛期间,主办单位应每天召开裁判长碰头会和各领队联席会,及时通报情况并及时解决当天发生的问题。

四、技术点评

为加强技能人才选拔培养,促进高技能人才的技术交流,使竞赛技术点评工作规范化、科学化、制度化,国家级竞赛活动必须组织开展竞赛技术点评工作,并将其作为竞赛活动的一个重要组成部分。

五、决赛闭幕式

主要内容包括:宣布各职业(项目)比赛成绩,各有关部门宣读相关表彰决定,向获奖选手和单位颁奖,总技术点评、获奖选手代表发言和领导致闭幕辞等。

六、注意事项

(一)各竞赛主办单位要随时掌握竞赛实施过程的情况,在竞赛的重要阶段应及时召开组织委员会或组织委员会办公室(秘书处)会议研究沟通情况。

（二）在竞赛全过程中必须坚持公开、公平、公正的原则，严格管理、培训和使用裁判人员，指定专人担任竞赛监督工作，确保竞赛工作有序开展。

（三）对参与竞赛记录、点录、设备维护、运送工具和材料，以及提供其他必要服务的辅助工作人员，必须进行赛前培训，明确要求其服从现场裁判长和裁判员的指挥，根据佩戴的胸卡在指定区域活动，发现问题应及时向裁判员或裁判长报告，不得越权裁决竞赛项目。

（四）为保证竞赛公平，对同一项目需分批完成的竞赛职业（工种），必须对参赛选手进行封闭管理，封闭室应由专人负责，进入封闭区的人员不得携带任何通信工具和计算机等设备。竞赛组织委员会要制定相关纪律，并通告全体参赛人员。

（五）对竞赛总成绩并列的选手，应根据其实际操作竞赛成绩的高低或完成时间的先后等条件，排出前后顺序，按照竞赛奖励政策兑现奖励。

（六）决赛成绩产生后，应提前公示，接受全体参赛人员的监督，并及时解决提出的异议。

（七）在实际操作过程中，要注意竞赛与生产实际的紧密结合，坚持节约办赛的原则。

（八）选手如发生违规情况，监考人员应在现场要求违规人员填写违规记录单，并经监考人员和裁判长签字后，于当天送交竞赛组织委员会相关机构。

（九）要制定切合实际的竞赛宣传工作要求，严防过度宣传和浮夸现象。

第五部分 技术点评

第五部分 技术点评

技术点评工作主要包括竞赛总技术点评材料和幻灯片文件、各职业（工种）技术点评材料、竞赛试题（包括理论和实操）、竞赛各类技术文件和相关规定等。

一、技术点评要求

（一）人员要求

1. 技术点评专家应精通本职业（工种）的相关技术技能，熟悉竞赛评判规则和技术文件，并能够参加竞赛的前期技术准备工作和决赛裁判工作等。一般由决赛裁判长或副裁判长担任。

2. 参加人员为参赛选手、领队、裁判员和其他相关人员。

（二）场地设施要求

1. 场地

应能容纳所有决赛选手、领队、裁判员、其他相关人员和媒体人员等。

2. 多媒体设施

应具备计算机、投影仪、音响等多媒体设施。

3. 作品展台

依竞赛职业（工种）的需要，在条件允许情况下，在点评现场设置选手优秀作品展台。

（三）内容要求

点评前应就竞赛理论成绩、实操成绩、竞赛整体技术技能情况等内容召开专家会进行分析，依据相关数据得出结论，形成一套完整的分析报告。点评内容要紧扣竞赛主题，简明扼要，深入透彻，要突出点评重点，应在本行业和竞赛职业（工种）中具有较强的代表性和广泛的指导意义。

二、技术点评时间

技术点评应安排在决赛活动期间，一般选择竞赛成绩公布后至颁奖前进行。点评的时间根据竞赛职业（工种）以及竞赛项目和点评工作需要而定，原则上不超过半天。

三、技术点评形式

（一）原则上以讲授形式为主，同时可采用互动方式进行答疑。

（二）应积极利用现代多媒体手段，帮助参加人员接受和理解点评内容，方便其与点评专家的交流。

（三）在点评实操内容时，可借助竞赛实操设备，讲解与示范相结合。

四、技术点评主要内容

（一）命题分析

1. 命题思路

阐述竞赛活动的命题依据，简要说明命题的整体思路。包括理论考试的命题范围、难度、题型、题量，实操考试项目的命题范围、难度，以及考核关键点和配分原则等。

2. 纵向、横向比较

纵向上，可结合历届竞赛试题和选手水平进行综合分析；横向上，可与不同行业的相同职业（工种）开展的竞赛或国际性的相同职业（工种）技能竞赛进行分析比较，阐述本次竞赛命题的特点。

（二）评判分析

结合竞赛技术文件、评分规则、具体实例等要求，解析裁判员在评判过程中对执裁尺度的具体把握，突出对关键考点的评判分析。

（三）试题分析

1. 理论试卷分析

应根据参赛选手成绩的统计数据，结合定性与定量分析，对试题的重点部分和新考点进行解析。

2. 实操分析

（1）准备工作应包括对心理准备、知识和技能准备、工（量）具准备、材料准备、安全准备等各方面的分析。

（2）操作过程应包括对实操过程的时间控制、工艺控制、质量控制、竞赛作品的自检与完善、应急情况处理等方面的分析，以及先进操作方法的介绍。

（3）操作结果应包括对结果型项目存在的普遍性问题的分析。

（四）成绩分析

1. 分值分布

可从参赛组别、选手技能水平、年龄层次等不同角度，按照不同的统计方法，对竞赛成绩分布情况等进行汇总并以图表形式直观显示。

2. 分析结论

通过对选手成绩进行科学的解析判断，客观分析竞赛中取得成绩的原因和出现的问题，并给出相应对策。

（五）发展趋势分析

发展趋势分析包括本行业、本职业（工种）的前沿发展情况介绍，未来发展趋势分析。可从地区经济对行业（职业）的需求、行业（职业）对人才的技术技能要求、行业（职业）技术技能的发展变化趋势等方面介绍，使参加点评人员全面了解本行业、本职业（工种）发展方向，起到一定的导向和启示作用。

第六部分

竞赛安全

JINGSAI ANQUAN

第六部分　竞赛安全

竞赛主办单位必须在各竞赛现场配备专职的安全保障人员和相关的安全设备，安排专人在现场办公并及时处理现场发生的有关问题。

一、现场安全

根据竞赛各职业（工种）的安全要点，明确划分竞赛危险区域和竞赛安全区域，并设置明显标志和提示。参赛选手务必佩戴安全防护器具进行操作，其他人员在竞赛规定允许的条件下，进入危险区域时必须佩戴安全防护器具。

各个与竞赛相关的场地、住地及用餐等场所应配备相应的防火防灾用具，并发放针对火灾、地震等灾情的安全撤离路线图，明确标明安全避难场所。

二、医疗救护

竞赛场地附近应设置医疗救护站，为参与竞赛的人员提供临时的医疗救助保障，同时做好紧急病情预案工作。

三、交通安全

根据竞赛场地周边的交通状况，参与竞赛人员赶赴考场的路线、时间和车况等，应设专人进行协调，如有必要，应商请相关部门给予协助。停车场设专人进行停车管理。

四、食品卫生

应指定专人对参与竞赛人员的供餐单位和用餐地点的卫生情况进行调查和了解，务必保证食品的合理搭配和卫生安全，并制定相应的应急预案。

五、注意事项

各竞赛组委会应针对竞赛职业（工种）的特点，对其他相关的安全隐患做好相应的处理预案，以保证参与竞赛人员的绝对安全。

第七部分

竞赛质量监督与仲裁

JINGSAI ZHILIANG
JIANDU YU ZHONGCAI

第七部分　竞赛质量监督与仲裁

一、竞赛质量监督

竞赛期间应关注的重点部位包括命题场所、试卷内容和命题人员的保密及管理、理论试卷的封卷和管理、考试工件的换号和检测、竞赛现场管理、分数统计和管理、成绩公布、竞赛仲裁和安全保卫等。上述部位必须由竞赛主办单位安排专人负责。

赛前检查主要包括竞赛各级选拔赛成绩、参加决赛实际人数、专家队伍组成情况、技术文件、命题情况及场地、设备和原材料准备等情况的检验，如不完备，不能举行决赛。

二、争议解决

竞赛现场必须设置仲裁组接受各代表队领队的书面申诉，仲裁组应由资深专家组成，具备及时解决竞赛过程中争议问题的能力。

竞赛中出现争议，应及时上报仲裁组，经仲裁组研究后提出处理意见，并通过竞赛组委会审批，作为此项争议的最终处理意见。

第八部分 竞赛总结

JINGSAI ZONGJIE

第八部分 竞赛总结

各竞赛主办单位应在决赛结束后一个月内，但不得迟于全国职业技能竞赛系列活动总闭幕式前一个月，将竞赛总结材料、技术点评材料和各项奖励申报表等报送全国职业技能竞赛组织委员会办公室。

一、竞赛总结材料

（一）竞赛情况总结。

（二）全部组委会文件。

（三）竞赛团体和个人的成绩单。

（四）竞赛宣传材料（包括影音、图片和报刊剪辑等）。

二、技术点评材料

（一）总技术点评文件、幻灯片。

（二）各职业（工种）技术点评材料。

（三）竞赛理论、实操试题分析。

三、各项奖励申报表

（一）全国技术能手申报表。

（二）晋升职业资格等级申报表。

四、注意事项

各竞赛主办单位要注意在竞赛全过程中收集资料并归档管理，对具有代表性的技术点评资料、竞赛纪录片和相关配套活动的成果等印发下属各单位进行学习交流。

第九部分

竞赛宣传

JINGSAI XUANCHUAN

第九部分　竞赛宣传

　　竞赛宣传工作要设立专门机构负责，宣传口径要与劳动和社会保障中心工作紧密结合，积极争取各级领导和社会各界对竞赛工作的重视和支持，充分利用广播、电视、报刊、网络等新闻媒体，积极建立竞赛新闻发布制度和简报制度，努力扩大宣传覆盖面。同时，竞赛主办单位应根据竞赛的目的、内容及工作实际，制订有针对性的宣传方案和口号。但宣传中要注意对竞赛相关项目的保密，不得影响选手的操作，并注意安全。

　　宣传工作主要包括赛事宣传（从不同角度对比赛活动进行宣传，扩大影响）、环境宣传（赛场装饰、宣传广告、现场表演等）、人物宣传（主要针对获奖者）和其他宣传（相关政策、举办地、新产品、新技术、新理念）等。

第十部分

国际竞赛

GUOJI JINGSAI

第十部分　国际竞赛

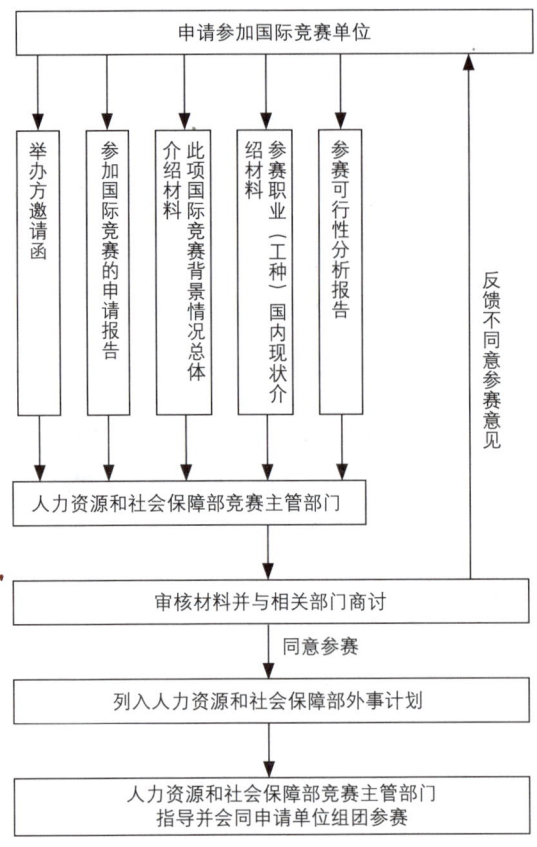

申请参加国际竞赛流程图

国际职业技能竞赛是指由人力资源和社会保障部牵头，会同有关部委、行业主管部门或行业组织的以国家队名义举办或参加有关国际机构组织的技能竞赛活动。

行业主管部门或行业组织参加国际技能竞赛活动应报人力资源和社会保障部审批，由人力资源和社会保障部统一组织协调，参加相关国际竞赛活动。

本指南由中国就业培训技术指导中心负责解释。

第十一部分

附件

FUJIAN

第十一部分　附件

附件一　政策性文件

关于进一步加强高技能人才工作的意见

中办发〔2006〕15号

为贯彻落实《中共中央、国务院关于进一步加强人才工作的决定》和《中共中央、国务院关于实施科技规划纲要增强自主创新能力的决定》精神，加快高技能人才队伍建设，充分发挥高技能人才在国家经济社会发展中的重要作用，现就进一步加强高技能人才工作提出如下意见。

一、加快推进人才强国战略，切实把加强高技能人才工作作为推动经济社会发展的一项重大任务来抓

（一）充分认识做好高技能人才工作的重要性和紧迫性。高技能人才是我国人才队伍的重要组成部分，是各行各业产业大军的优秀代表，是技术工人队伍的核心骨干，在加快产业优化升级、提高企业竞争力、推动技术创新和科技成果转化等方面具有不可替代的重要作用。改革开放以来，我国高技能人才工作取得了显著成绩，人才队伍不断壮大。但是，随着经济全球化趋势深入发展，科技进步日新月异，我国经济结构调整不断加快，人力资源能力建设要求不断提高，高技能人才工作也面临严峻挑战。从总体上看，高技能人才工作基础薄弱，培养体系不完善，评价、激励、保障机制不健全，轻视技能劳动和技能劳动者的传统观念仍然存在。当前，高技能人才的总量、结

构和素质还不能适应经济社会发展的需要，特别是在制造、加工、建筑、能源、环保等传统产业和电子信息、航空航天等高新技术产业以及现代服务业领域，高技能人才严重短缺，已成为制约经济社会持续发展和阻碍产业升级的"瓶颈"。

21世纪头20年，是我国全面建设小康社会、开创中国特色社会主义事业新局面的重要战略机遇期。加快推进人才强国战略，大力加强高技能人才工作，培养造就一大批具有高超技艺和精湛技能的高技能人才，稳步提升我国产业工人队伍的整体素质，是增强我国核心竞争力和自主创新能力、建设创新型国家的重要举措，是在新的历史条件下巩固和发展工人阶级先进性、增强党的阶级基础的必然要求，对于促进人的全面发展，营造人才辈出、人尽其才的社会氛围，对于全面贯彻落实科学发展观、构建社会主义和谐社会，具有重大而深远的意义。各级党委和政府要进一步提高认识，坚决贯彻尊重劳动、尊重知识、尊重人才、尊重创造的方针，牢固树立科学的人才观，不断增强做好高技能人才工作的责任感和紧迫感，把高技能人才工作作为加快推进人才强国战略的重要内容，努力开创高技能人才队伍建设的新局面。

（二）高技能人才工作的指导思想和目标任务。高技能人才工作的指导思想是，以邓小平理论和"三个代表"重要思想为指导，全面贯彻落实科学发展观，大力实施人才强国战略，坚持党管人才原则，以职业能力建设为核心，紧紧抓住技能培养、考核评价、岗位使用、竞赛选拔、技术交流、表彰激励、合理流动、社会保障等环节，进一步更新观念，完善政策，创新机制，充分发挥市场在高技能人才资源开发和配置中的基础性作用，健全和完善企业培养、选拔、使用、激励高技能人才的工作体系，形成有利于高技能人才成长和发挥作用的制度环境和社会氛围，带动技能劳动者队伍整体素质的提高和发展壮大。

当前和今后一个时期，高技能人才工作的目标任务是，加快培养一大批数量充足、结构合理、素质优良的技术技能型、复合技能型和知识技能型高技能人才，建立培养体系完善、评价和使用机制科学、激励和保障措施健全的高技能人才工作新机制，逐步形成与经济社会发展相适应的高、中、初级技能劳动者比例结构基本合理的格局。到"十一五"期末，高级技工水平以上的高技能人才占技能劳动者的比例达到25％以上，其中技师、高级技师占技能劳动者的比例达到5％以上，并带动中、初级技能劳动者队伍梯次发展。力争到2020年，使我国高、中、初级技能劳动者的比例达到中等发达国家水平，形成与经济社会和谐发展的格局。

二、完善高技能人才培养体系，大力加强高技能人才培养工作

（三）动员社会各方面力量开展高技能人才培养工作。针对经济社会发展实际需要，健全和完善以企业行业为主体、职业院校为基础、学校教育与企业培养紧密联系、政府推动与社会支持相互结合的高技能人才培养体系。在国家发展职业教育、实施国家技能型人才培养培训工程中，突出高技能人才培养工作。充分发挥高等职业院校和高级技工学校、技师学院的培训基地作用。大力发展民办职业教育和培训，充分发挥各类社会团体在高技能人才培养中的作用。建立现代企业职工培训制度和高技能人才校企合作培养制度，加快高技能人才培养步伐。结合国家重大工程和重大科技计划项目的实施，以及重大技术和重大装备的引进消化吸收再创新培养高技能人才。结合产业结构调整，加大对包括农

民工在内的新产业工人中高技能人才的培养力度。

（四）以企业行业为主体，开辟高技能人才培养的多种途径。行业主管部门和行业组织要结合本行业生产、技术发展趋势以及高技能人才队伍现状，做好需求预测和培养规划，提出本行业高技能人才合理配置标准，指导本行业开展高技能人才培养工作。

增强企业对高技能人才培养工作重要性的认识，充分发挥企业培养高技能人才的主体作用。各类企业特别是大型企业（集团），应结合企业生产发展和技术创新需要制定高技能人才培养规划，并纳入企业发展总体规划。企业应依法建立和完善职工培训制度，加强上岗培训和岗位技能培训，可采取自办培训学校和机构，与职业院校和培训机构联合办学、委托培养等方式，加快培养高技能人才。鼓励企业推行企业培训师制度和名师带徒制度，建立技师研修制度，并通过技术交流等活动促进高技能人才成长。鼓励企业依托车间班组，通过岗位练兵、岗位培训、技术比赛等形式，促进职工在岗位实践中成才。鼓励企业结合技术创新、技术改造和技术项目引进，利用国内、国际两种资源，开展新技术、新工艺、新材料等相关知识和技能培训，并通过研发攻关等活动，促进高技能人才培养。国有和国有控股企业要将高技能人才培养规划的制定和实施情况作为企业经营管理者业绩考核的内容之一，定期向职工代表大会报告。积极支持、推动和引导非公有制企业开展高技能人才培养工作。

机关事业单位也要结合各自实际，做好本部门本单位的高技能人才培养工作。

（五）建立高技能人才校企合作培养制度。各地要建立高技能人才校企合作培养制度，可由政府及有关部门负责人、企业行业和职业

院校代表，以及有关方面专家组成高技能人才校企合作培养协调指导委员会，研究制定校企合作培养高技能人才的发展规划，确定培养方向和目标，指导和协调学校与企业开展合作。

进一步调整教育结构，对承担高技能人才培养任务的各类职业院校，要规范办学方向和培养标准。职业院校应以市场需求为导向，深化教学改革，紧密结合企业技能岗位的要求，对照国家职业标准，确定和调整各专业的培养目标和课程设置，与合作企业共同制定实训方案，采取全日制与非全日制、导师制等多种方式实施培养。对积极运用市场机制开展校企合作、实施产学结合，并在高技能人才培养方面作出突出成绩的职业院校，中央财政在实训基地建设等方面给予支持和奖励。鼓励普通高校毕业生参加职业技能培训。

企业应结合对高技能人才的实际需求，与职业院校联合制订培养计划，提供实习场地，选派实习指导教师，组织学员参与技术攻关。支持企业为职业院校建立学生实习实训基地。实行校企合作的定向培训费用可从企业职工教育经费中列支。对积极开展校企合作承担实习见习任务、培训成效显著的企业，由当地政府给予适当奖励。

（六）支持和鼓励职工参加职业技能培训。鼓励广大职工学习新知识和新技术，钻研岗位技能，积极参与技术革新和攻关项目，不断提高运用新知识解决新问题、运用新技术创造新财富的能力。鼓励并支持企业通过出国培训（研修）和引进国外先进培训资源等方式培养高技能人才。职工经单位同意参加脱产或半脱产培训，用人单位要按国家有关规定制定参加培训人员的薪酬制度和激励办法。对参加当地紧缺职业（工种）高级技能以上培训，获得相应职业资格且被企业聘用的人员，企业可给予一定的培训和鉴定补贴。

（七）加强高技能人才培训基地建设。充分发挥现有教育培训资源的作用，依托大型骨干企业（集团）、重点职业院校和培训机构，建设一批示范性国家级高技能人才培训基地。有条件的城市，可多方筹集资金，根据本地区支柱产业发展的需求，建立布局合理、技能含量高、面向社会提供技能培训和技能鉴定服务的公共实训基地。

三、以能力和业绩为导向，建立和完善高技能人才考核评价、竞赛选拔和技术交流机制

（八）健全和完善高技能人才考核评价制度。大力加强职业技能鉴定工作，积极推行职业资格证书制度，进一步突破年龄、资历、身份和比例限制，加快建立以职业能力为导向、以工作业绩为重点，注重职业道德和职业知识水平的高技能人才评价体系。要结合生产和服务岗位要求，强化标准，健全程序，坚持公开、公平、公正的原则，进一步完善符合高技能人才特点的业绩考核内容和评价方式，反对和防止高技能人才考评中的不正之风。对在技能岗位工作并掌握高超技能、作出重大贡献的骨干人才，可进一步突破工作年限和职业资格等级的要求，允许他们破格或越级参加技师、高级技师考评。

积极探索高技能人才多元评价机制，逐步完善社会化职业技能鉴定、企业技能人才评价、院校职业资格认证和专项职业能力考核的实施办法。依托具备条件的大型企业，逐步开展高技能人才评价改革试点。试点企业可按规定，结合企业生产和科研活动实际，开展技师、高级技师考核鉴定工作。在职业院校开展职业技能鉴定工作，大力推行职业资格证书制度，努力使学生在获得学历证书的同时，取得相应的职业资格证书。开发与后备高技能人才评价要求相适应的课程标

准。选择部分职业院校进行预备技师考核试点，取得预备技师资格的毕业生在相应职业岗位工作满两年后，经单位认可，可申报参加技师考评。推行专项职业能力考核制度，为劳动者提供专项职业能力公共认证服务。

（九）广泛开展职业技能竞赛活动。引导社会各方面力量，开展各种形式的岗位练兵和职业技能竞赛等活动，为发现和选拔高技能人才创造条件。对职业技能竞赛中涌现出来的优秀技能人才，在给予精神和物质奖励的同时，可按有关规定直接晋升职业资格或优先参加技师、高级技师考评。

（十）积极组织高技能人才技术交流活动。依托公共职业介绍机构、人才交流机构或有条件的大型企业（集团）、行业组织、职业院校，或通过科技协会、技师协会、职工技术协会、职业教育培训协会以及高技能人才工作室等，举办各种形式的高技能人才主题活动，为高技能人才参与高新技术开发、同业技术交流以及与科技人才交流、绝招绝技和技能成果展示等创造条件。挖掘和保护具有民族特色的民间传统技艺，实现代际传承，使之发扬光大。鼓励和支持高技能人才参与国际间职业技能交流活动。

四、建立高技能人才岗位使用和表彰激励机制，激发高技能人才的创新创造活力

（十一）健全高技能人才岗位使用机制。进一步推行技师、高级技师聘任制度。充分发挥技师、高级技师在技能岗位的关键作用，以及在解决技术难题、实施精品工程项目和带徒传技等方面的重要作用。鼓励企业根据自身发展需要，探索建立高技能人才带头人制度，

在进行重大生产决策、组织重大技术革新和技术攻关项目时，要充分发挥高技能人才带头人的作用，并给予经费等方面的支持。高技能人才配置状况应作为生产经营性企业及实体等参加重大工程项目招投标、评优和资质评估的必要条件。

（十二）进一步完善高技能人才激励机制。引导和鼓励用人单位完善培训、考核、使用与待遇相结合的激励机制。引导和督促企业根据市场需求和经营情况，完善对高技能人才的激励办法，对优秀高技能人才实行特殊奖励政策。允许国有高新技术企业探索实施有利于鼓励优秀高技能人才创新创造的收入分配制度。企业应对高技能人才在聘任、工资、带薪学习、培训、休假、出国进修等方面，制定相应的鼓励办法；对到企业技能岗位工作的各类职业院校毕业生，应合理确定工资待遇；对参加科技攻关和技术革新，并作出突出贡献的高技能人才，可从成果转化所得收益中，通过奖金等多种形式给予相应奖励。

（十三）表彰和奖励作出突出贡献的高技能人才。以政府奖励为导向，企业奖励为主体，辅以必要的社会奖励，对作出突出贡献的高技能人才进行表彰和奖励。对为国家和社会发展作出杰出贡献的高技能人才给予崇高荣誉并实行重奖。进一步完善国家技能人才评选表彰制度，对中华技能大奖获得者和全国技术能手给予奖励，并通过企业支持、社会赞助等多种方式筹集经费，鼓励他们参加培训深造、带徒传技、同业交流、技术创新等活动。省、自治区、直辖市人民政府应对作出突出贡献的高技能人才进行奖励，并参照高层次人才有关政策确定相应待遇。

五、完善高技能人才合理流动和社会保障机制，提高高技能人才配置和保障水平

（十四）引导高技能人才按需合理流动。坚持以市场为导向，依法维护用人单位和高技能人才的合法权益，保证人才流动的规范性和有序性。建立健全高技能人才柔性流动和区域合作机制，鼓励高技能人才通过兼职、服务、技术攻关、项目引进等多种方式发挥作用。加强对高技能人才流动的宏观调控，采取有效措施，鼓励和引导高技能人才面向西部地区重点建设项目流动。建立健全高技能人才流动服务体系，完善高技能人才信息发布制度，定期发布高技能人才供求信息和工资指导价位信息，引导高技能人才遵循市场规律合理流动。探索引进国内紧缺、企业急需的海外高技能人才。在公共职业介绍机构开设专门窗口，为高技能人才提供职业介绍、职业培训、劳动合同鉴证、社会保险关系办理、代存档案等"一站式"服务。鼓励人才交流和社会各类职业中介机构为高技能人才提供相应服务。

（十五）完善高技能人才社会保障制度。在进一步落实好高技能人才社会保障权益的同时，做好高技能人才在不同所有制单位、不同性质单位、不同行业和跨地区流动中社会保险关系的接续工作，逐步突破部门、行业、地域和所有制限制。高技能人才跨统筹地区流动，基本养老保险个人账户基金按规定转移。具备条件的企业，应积极探索为包括生产、服务一线的高技能人才在内的各类人才建立企业年金制度和补充医疗保险。

六、加大资金投入，做好高技能人才基础工作

（十六）加大资金投入力度，建立政府、企业、社会多渠道筹措

的高技能人才投入机制。各级政府要根据高技能人才工作需要，对高技能人才的评选、表彰、师资培训、教材开发等工作经费给予必要的支持。地方各级政府要按规定合理安排城市教育费附加的使用，对高技能人才培养给予支持。要从国家安排的职业教育基础设施建设专项经费中，择优支持高技能人才培养成效显著的职业院校。将高技能人才实训基地建设纳入国家支持职业教育发展的规划。

企业应按规定提取职工教育经费（职工工资总额的1.5%～2.5%），加大高技能人才培养投入。企业进行技术改造和项目引进，应按相关规定提取职工技术培训经费，重点保证高技能人才培养的需要。对自身没有能力开展职工培训，以及未开展高技能人才培训的企业，县级以上地方人民政府可依法对其职工教育经费实行统筹，由劳动保障等部门统一组织培训服务。机关事业单位要积极探索符合自身特点的高技能人才培养经费投入机制。

鼓励社会各界和海外人士对高技能人才培养提供捐赠和其他培训服务。企业和个人对高技能人才培养进行捐赠，按有关规定享受优惠政策。鼓励金融机构为公共实训基地建设和参与校企合作培养高技能人才的职业院校提供融资服务。各类职业院校可按照高技能人才实际培养成本提出收费标准，经物价部门核定后向学员收取培训费用。

（十七）做好高技能人才基础性工作。加强高技能人才相关理论研究，加快高技能人才法制建设。做好高技能人才调查统计和需求预测工作。完善国家高技能人才信息交流平台，开发高技能人才信息库和技能成果信息库。加强适用于高技能人才的远程培训和现代培训技术的开发和应用。加快编制、修订技师和高级技师国家职业标准，加强职业技能鉴定题库开发，健全职业技能鉴定质量督导制度。组织开发反映企业岗位需求、符合高技能人才培养特点的教材及教学辅助材料。加强高技能人才师资队伍建设，不断提高师资队伍水平。

七、加强领导，营造有利于高技能人才成长的良好氛围

（十八）切实加强对高技能人才工作的领导。各地区各部门要根据经济社会发展需要制定高技能人才队伍建设规划，并纳入经济社会发展规划和人才队伍建设规划。各级党委和政府要将高技能人才工作作为人才工作的一项重要内容，列入重要议事日程，定期研究解决工作中存在的主要问题。要建立由组织、劳动保障、发展改革、教育、科技、国防科工、财政、人事、国资等部门以及工会、共青团、妇联等人民团体参加的高技能人才工作协调机制，负责对高技能人才工作的宏观指导、政策协调和组织推动。在党委和政府统一领导下，组织部门要加强宏观指导，劳动保障部门要进行统筹协调，有关部门要各司其职、密切配合，并动员社会各方面力量广泛参与，共同做好高技能人才工作。

（十九）加强舆论宣传，营造尊重劳动、崇尚技能、鼓励创造的良好氛围。充分发挥报刊、广播、电视、网络等多种媒体的作用，组织开展形式多样的宣传活动，大力宣传党和国家关于高技能人才工作的方针政策，大力宣传高技能人才在经济建设和社会发展中的重要作用和突出贡献，树立一批高技能人才的先进典型，提高高技能人才的社会地位。动员全社会都来关心高技能人才队伍建设，努力营造有利于高技能人才成长的良好氛围。

关于进一步加强职业技能竞赛管理工作的通知

劳社部发〔2000〕6号

各省、自治区、直辖市劳动（劳动和社会保障）厅（局），国务院有关部门劳动和社会保障工作机构：

为规范职业技能竞赛（以下简称竞赛）活动，保证其健康、有序地发展，现就有关问题通知如下：

一、竞赛活动实行分级分类管理。具体分为国家级、省级和地市级三级。国家级分为两类，跨行业（系统）、跨地区的为一类竞赛，单一行业（系统）的为二类竞赛。国家级一类竞赛由我部牵头组织，可冠以"全国""中国"等竞赛活动的名称；国家级二类竞赛由国务院有关行业部门或行业（系统）组织牵头举办，可冠以"全国××行业（系统）××职业（工种）"等竞赛活动名称。除上述两类竞赛外，其他竞赛不得冠以"全国""中国"等名称。同行业、同职业（工种）的全国性竞赛活动，原则上每年不能超过一次。

二、各竞赛组织单位应选择技术复杂、通用性广、从业人员较多、影响较大的职业（工种）开展竞赛活动，优先选择国家实行就业准入控制的职业（工种）举办竞赛。还可以选择就业面较大、发展较迅速的新职业（工种），组织开展竞赛活动。

三、要按照国家职业（技能）标准设置竞赛项目和组织命题。国家级竞赛应按照国家高级职业（技能）标准要求命题。

四、各竞赛组织单位举办竞赛活动应具备必要的条件。成立相应的组织机构，具备必要的经费、设备、场地和评定成绩所需的检测手段，制定竞赛组织方案和竞赛规则，配备熟悉技能竞赛职业（工种）

的管理人员和专业技术人员。

五、各级劳动保障部门要结合本地区具体情况，对竞赛主办单位开展的竞赛活动实施审批制度。

（一）竞赛主办单位组织开展竞赛活动，须提出申请报告并附组织方案，按隶属关系报其主管部门审核后，报同级劳动保障部门审批。

（二）竞赛主办单位邀请境外机构参与举办或参加国内竞赛活动，应先向同级劳动保障部门提出申请，经审核批准后，报我部备案；行业主管部门或行业组织以国家队名义组织参加国际竞赛活动，应报我部审批；国际青年奥林匹克技能竞赛活动由我部统一组织。

（三）竞赛主办单位组织开展竞赛活动，要严格按照备案或批准的竞赛方案组织实施。如对竞赛方案进行调整，需重新履行备案或审批手续。

六、举办竞赛活动应坚持社会效益为主和公开、公平、公正的原则，严格执行国家有关法律、法规，并邀请公证部门公证。各项竞赛活动的组织要坚持勤俭节约，反对铺张浪费。

七、为调动广大职业参与竞赛活动的积极性，结合开展技能人才评选表彰和职业技能鉴定等工作，对现行的表彰和奖励政策进行适当调整。

（一）国家级一类竞赛各工种获得前五名的选手，由我部授予"全国技术能手"称号，颁发证书和奖章。

（二）国家级二类竞赛各工种获得前三名的选手，由我部授予"全国技术能手"称号，颁发证书和奖章。

（三）在国际竞赛活动中进入前八名的选手，由我部授予"全国技术能手"称号，颁发证书和奖章。

（四）国家级竞赛获得优秀名次的选手，经我部职业技能鉴定机构按有关资格条件审定后，可颁发技师或高级技师资格证书。

八、各级劳动保障部门要加强竞赛工作的组织管理与监督，严格保证竞赛活动的质量，防止其过多过滥。要指定专门机构和人员负责此项工作并按本通知要求，制定本地区、本部门的具体实施办法，逐步实现竞赛活动的规范化、制度化。

劳动和社会保障部
二〇〇〇年二月十八日

关于申办全国职业技能竞赛及参加国际竞赛活动有关事项的通知

劳社培就司发〔2000〕6号

各省、自治区、直辖市劳动（劳动和社会保障）厅（局），国务院有关部门劳动保障工作机构：

为贯彻《关于进一步加强职业技能竞赛管理工作的通知》（劳社部发〔2000〕6号）精神，加强对全国职业技能竞赛（以下简称"竞赛"）活动的组织管理，现就申请举办全国竞赛和组团参加国际竞赛活动的有关事项通知如下：

一、国务院有关行业部门、行业（系统）组织牵头举办国家级二类竞赛，或组团参加国际竞赛活动，应按照《关于进一步加强职业技能竞赛管理工作的通知》规定的条件和程序报我部审批。

二、举办全国竞赛活动或参加国际竞赛活动，主办（组团）单位应按下列程序下发竞赛通知或出访前2个月向我部申报：

（一）各行业主管部门牵头举办全国性竞赛活动，由其劳动保障工作机构签署意见后，报我部审批。

（二）行业协会、学会等社会团体牵头举办全国性竞赛活动，应按隶属关系先将申报材料报上级主管部门审核并签署意见后，再报我部审批。

（三）竞赛主办单位邀请境外机构参与举办或参加全国性竞赛活动，先按隶属关系将申报材料报其上级主管部门审核并签署意见后，再报我部审批。

（四）行业主管部门或行业组织、社会团体等以国家队名义组织参加国际竞赛活动，由其上级主管部门签署意见后，报我部审批。

三、申办全国竞赛或组团参加国际竞赛活动，应报送以下材料：

（一）审批表。

（二）申请报告。

（三）组织方案。

（四）组委会成员名单。

（五）评分规则等技术性文件。

（六）有关场地、设备、技术检测手段等情况简介。

（七）技术专家（裁判员等）组成情况。

（八）经费预算和运作方案等。

（九）如邀请外籍人员参与举办或参加竞赛活动，应提供其基本情况，并说明邀请原因。

（十）如组团参加国际竞赛活动，还应提供邀请函、国际竞赛活动简介、国内选拔赛情况和参赛人员的基本情况等。

四、省级以下竞赛活动的管理，由各省、自治区、直辖市劳动保障部门自行制定办法。

附件：竞赛活动审批表（略）

劳动和社会保障部培训就业司

中国就业培训技术指导中心

二○○○年三月十四日

关于印发《国家职业技能竞赛技术规程》（试行）的通知

劳赛组办发〔2003〕1号

各省、自治区、直辖市劳动和社会保障厅（局），国务院有关部门（行业组织、集团公司）劳动保障工作机构：

　　为加强对职业技能竞赛工作的技术指导，规范职业技能竞赛活动，保证其健康、有序地发展，我们研究制定了《国家职业技能竞赛技术规程》（试行），现印发给你们，请在组织职业技能竞赛活动中，按照本规程的要求做好相关工作，并结合本地区、本部门实际情况，制定本地区、本部门的竞赛技术规程。在操作中如有问题，请及时与我办联系。

劳动和社会保障部

全国职业技能竞赛组织委员会办公室

二〇〇三年五月二十八日

国家职业技能竞赛技术规程

（试行）

第一章 总则

第一条 职业技能竞赛（以下简称"竞赛"）是依据国家职业标准，密切结合生产实际开展的、有组织的群众性职业技术技能比赛活动。为了加强对竞赛的组织管理工作，规范竞赛活动，保证其健康、有序地发展，根据劳动和社会保障部《关于进一步加强职业技能竞赛管理工作的通知》（劳社部发〔2000〕6号）精神，制定本规程。

第二条 本规程适用于国家级竞赛活动及其管理。

第二章 组织机构

第三条 举办竞赛活动须成立临时性组织机构竞赛组织委员会（或竞赛领导小组），全面负责竞赛的组织管理工作，组委会下设办公室（或秘书处）具体负责竞赛的组织实施工作。

第四条 竞赛组织委员会负责竞赛的整体安排和组织管理；指导竞赛办公室和评判委员会的工作；对竞赛期间的重大事项进行决策；对竞赛各项组织和赛务工作进行监督检查。

第五条 竞赛组织委员会办公室（秘书处）在竞赛组织委员会的领导下，具体负责竞赛的组织安排和日常管理工作。主要包括制订竞赛的具体组织方案及实施计划，并组织和监督实施；负责与竞赛各相关单位的日常沟通和协调；负责竞赛期间的各项宣传工作；负责竞赛奖品、物品（包括纪念品、宣传品等）的设计、制作和管理；负责竞

赛经费的筹措、使用和管理；负责竞赛的总结和统计分析等工作。

第六条 为做好竞赛的各项技术工作，须成立竞赛评判委员会。评判委员会在组委会的领导下，全面负责竞赛的各项赛务工作。主要包括：组织制定竞赛规则、评分标准及相关竞赛技术性文件；负责竞赛复习大纲、辅导资料等的编制；负责参赛选手的培训和辅导；负责竞赛场地、器械、设备（包括考试试件的检测设备）的检验、检测、确认及分配；负责竞赛各阶段的评判工作；负责竞赛结果的核实、发布，并参与竞赛结果的复核等。为保证竞赛命题的公正和保密性，评判委员会下设命题组，专门负责竞赛命题工作。

第七条 各竞赛机构须在竞赛组织委员会的统一领导下，明确各自的职责任务，分工协作，合力办好竞赛活动。

第三章 组织管理

第八条 国家级一类竞赛由劳动和社会保障部发文组织或会同有关部门共同发文组织实施；国家级二类竞赛由劳动和社会保障部中国就业培训技术指导中心（职业技能鉴定中心）与有关部门、行业（行业组织）等联合发文组织实施。

第九条 各省、自治区、直辖市及各行业有关部门应积极参与国家级一类竞赛活动，并成立相应省、行业竞赛组委会，在全国组委会的领导下，具体组织本地区、本行业的竞赛活动。

第十条 国家级二类竞赛主要由相关行业（行业组织）牵头负责组织，各省、自治区、直辖市劳动保障部门应积极参与此类竞赛活动，并对其进行政策支持、技术指导和监督管理等工作；行业竞赛组委会在具体组织竞赛活动过程中，应主动与省级劳动保障厅（局）竞赛管理机构沟通情况，争取竞赛地区劳动保障部门的政策支持，并接受其监督指导。

第四章　备案立项

第十一条　举办国家级竞赛活动，应首先向劳动保障部竞赛组织管理部门（以下简称竞赛管理部门）提出申请，经备案登记后立项实施。

第十二条　国家级竞赛活动的主办、承办单位应具备下列条件：

（一）能够独立承担民事责任。

（二）有与竞赛组织工作要求相适应的组织机构和管理人员。

（三）有与竞赛水平相适应的专家队伍并能按要求完成相应的赛务工作。

（四）有与竞赛规模相适应的经费支持。

（五）具备竞赛所需的场所、设施和器材。

第十三条　主办单位应按照下列程序办理职业技能竞赛备案手续：

（一）举办单一行业的职业技能竞赛，主办单位应在启动竞赛前30日内向竞赛管理部门报送《职业技能竞赛活动备案表》；竞赛管理部门应当自收到备案表之日起15日内办理备案立项手续。

（二）举办跨省、行业的职业技能竞赛，主办单位应在启动竞赛前60日内向竞赛管理部门报送《职业技能竞赛活动备案表》；竞赛管理部门应当自收到备案表之日起15日内办理备案立项。

第十四条　主办单位办理备案立项手续时，应当提供下列材料：

（一）申请举办竞赛活动的申请报告。

（二）举办竞赛活动备案表。

（三）竞赛活动组织实施方案。

（四）竞赛组委会及组委会办公室成员名单。

（五）竞赛评委会成员名单。

（六）竞赛活动所需场地、设备、技术检测手段等情况简介。

（七）经费预算和运作方案。

（八）主办单位委托符合规定资格条件的中介机构承办竞赛活动，应报送承办单位的资质证明材料。

第十五条 竞赛主办单位拟邀请境外机构和人员参与竞赛活动的，应事先向竞赛管理部门提出申请，经审核后，报劳动保障部备案。

代表中国参加的国际大型技能竞赛活动由劳动保障部协商有关部门后统一组织安排。

第十六条 对符合本规程规定条件的主办单位，竞赛管理部门应予以办理职业技能竞赛备案手续，并与其就各方的责、权、利等有关内容签订工作协议，规范各方在竞赛期间的行为。竞赛主办单位应共同下发相关文件，组织开展竞赛活动；对不符合本技术规程规定条件的举办单位，竞赛管理部门不予办理备案登记手续并书面通知主办单位。

第十七条 竞赛活动备案立项后，主办单位如需变更竞赛名称和内容的，应向竞赛管理部门办理变更手续，并通知相关部门。竞赛活动通知下发后，主办单位由于特殊原因确须取消竞赛活动的，应向竞赛管理部门提出书面说明，征得同意后，方可取消竞赛活动，并做好善后处理工作。

第十八条 主办单位有下列情况之一的，竞赛管理部门有权取消其举办资格：

（一）未经有关部门同意，擅自更改竞赛时间、地点的。

（二）未按竞赛规则、组织方案的规定，擅自变更竞赛内容或者取消竞赛活动的。

（三）组织管理不善，在竞赛过程中造成重大事故的。

（四）未按照竞赛规则、竞赛评判标准做到公平、公开、公正，营私舞弊，成绩失实，造成恶劣影响的。

第五章 组织实施

第十九条 举办竞赛活动应坚持社会效益为主，坚持公开、公平、公正的原则，严格执行国家有关法律、法规，并邀请公证部门对竞赛过程及竞赛结果进行公证。

第二十条 确定竞赛工种的一般原则是：通用技术职业（工种）；就业容量大、从业人员多的职业（工种）；苦脏累险的职业（工种）；国家新职业（工种）；科技含量高的职业（工种）。特别应优先选择通用性强、就业面较广、社会影响力大、发展较迅速的新职业（工种）组织开展竞赛活动。

第二十一条 举办竞赛活动，应严格按照国家职业标准组织实施，同时可根据竞赛职业（工种）的实际情况，适当参照国际青年奥林匹克技能竞赛的标准组织。国家级竞赛应按照国家职业标准三级（高级工）以上要求实施。

第二十二条 竞赛采取以实际操作比赛为主的原则，并附加理论知识考试。国家级竞赛可根据实际需要组织相关技术专家出题，也可从职业技能鉴定国家题库中随机抽取试题。

第二十三条 竞赛裁判人员的基本要求是：

（一）坚持四项基本原则，热爱本职工作，具有良好的职业道德和心理素质。

（二）从事某职业（工种）工作15年以上，并在该职业（工种）技术、技能方面获得较高声誉。

（三）具有本职业（工种）技师以上职业资格或本专业中级以上专业技术职务。

（四）原则上年龄应在55周岁以下，身体健康，能够胜任裁判工作。

（五）能够自觉坚持公平、公正原则，秉公执法，不徇私情。

（六）具有较高的裁判理论水平和丰富的实践操作经验，熟练掌握竞赛规则，现场运用准确、得当。

（七）具有较丰富的临场执法经验和组织现场裁决的能力。

（八）具有两次以上全国或省级竞赛活动裁判工作的经历。

（九）参加由劳动保障部职业技能鉴定中心组织的国家级裁判员培训并通过其资格考试。

第二十四条 竞赛裁判人员一般应从竞赛职业（工种）的主管行业中，自下而上选择推荐工程技术人员、职业学校教师和企业具有技师以上技术等级的工人担任；对具有竞赛职业（工种）考评员资格的人员，应优先选用；对已经建立国家职业技能竞赛裁判员队伍的职业（工种），必须从获得国家职业技能竞赛裁判员资格的人员中选用。

第二十五条 竞赛在理论知识和实际操作命题时，应明确其各自所占比例。一般情况下，实际操作成绩应占总成绩的70%以上。

第二十六条 竞赛所需场地由竞赛组织机构和技术专家根据竞赛的职业（工种）要求选择确定。其选择原则：一是选手相对集中；二是赛场设备设施完备、先进、安全，具有代表性；三是赛场内外环境适宜；四是交通方便。

第二十七条　竞赛使用材料及设备由技术专家依据竞赛试题的需要确定，由竞赛组委会委托承办单位负责配备，其主要设备要最大限度地利用赛场的设备装置。选手日常使用的简单工具、设施可允许选手自行携带使用。

第二十八条　竞赛活动经费可从以下途径筹措：

（一）争取国家财政支持。

（二）主办、承办及协办等单位共同出资。

（三）适当收取参赛选手和参赛单位的报名费、参赛费等。

（四）引入市场运作机制。

第二十九条　竞赛主办单位应在竞赛活动结束之日起30日内，向竞赛管理部门提交竞赛情况总结（包括选手成绩册和费用结算情况等）。

第六章　活动程序

第三十条　国家级竞赛活动一般应包括开幕式、闭幕式、竞赛过程、宣传工作等基本工作环节。

第三十一条　开幕式的主要内容包括：选手入场式，奏国歌，升国旗（或会旗），领导致开幕词，来宾致词，裁判宣誓，选手宣誓，宣布竞赛规则和要求，相关宣传庆祝活动等。

第三十二条　竞赛过程在裁判长的主持下由全体裁判人员共同参与执行。包括：确认选手身份；进行赛前教育（向选手说明比赛技术要求等）；对竞赛材料、设备、工具的检验；赛场监考；对竞赛作品、试卷的评判打分；竞赛成绩名次的确认等。

第三十三条　闭幕式的主要内容包括：裁判长宣布比赛成绩，向获奖者颁奖，领导致闭幕辞，来宾致辞和相关宣传庆祝活动等。

第七章 宣传和信息交流

第三十四条 宣传工作要适应竞赛期间的形势，与劳动保障中心工作紧密结合，积极争取各级领导对竞赛的重视和支持，充分利用广播、电视、报刊、网络等新闻媒体，建立竞赛新闻发布制度和简报制度，积极扩大宣传覆盖面。宣传工作主要包括：赛事宣传（从不同角度对比赛活动进行宣传，扩大其社会影响）、环境宣传（赛场装饰、宣传广告、现场表演等）、人物宣传（对获奖者的宣传）和其他宣传（对相关政策、举办地、新产品、新技术、新理念等的宣传）等。

第三十五条 主办单位应根据竞赛活动的目的、内容及工作实际，制定具体的宣传方案和宣传口号等。

第三十六条 建立国家级竞赛活动信息交流制度，劳动保障部全国职业技能竞赛组委会办公室与各省、行业竞赛组织管理机构每季度交流一次竞赛活动信息，主要包括全国、各省、行业举办竞赛活动名称、规模、竞赛职业（工种）、选拔赛时间、决赛时间、宣传方案、活动安排、工作总结、经验材料以及竞赛裁判员信息等。

第三十七条 每年12月15日前，各省级竞赛管理部门应将本年度内省级竞赛活动各职业（工种）前3名获奖选手的基本情况报劳动保障部全国职业技能竞赛组委会办公室，经整理后，分类列入全国技术能手后备名录。

第三十八条 每年12月15日前，各行业竞赛管理部门应将本年度内国家级二类竞赛各职业（工种）前3名获奖选手的基本情况报劳动保障部全国职业技能竞赛组委会办公室汇总，并抄送获奖选手所在省的劳动保障厅（局）竞赛管理部门。

第八章　附则

第三十九条　省级劳动保障部门和国务院有关部门（行业组织、集团公司）劳动保障工作机构可参照本技术规程，依据本地区、本行业（部门）的实际情况，制定本地区、本行业（部门）的竞赛技术规程。

第四十条　本技术规程自下发之日起施行。

关于印发《国家级职业技能竞赛裁判员管理办法》（试行）的通知

劳赛组办发〔2003〕2号

各省、自治区、直辖市劳动和社会保障厅（局），国务院有关部门（行业组织、集团公司）劳动保障工作机构：

  为加强国家级职业技能竞赛裁判员队伍建设和管理，提高裁判员的执裁水平和专业技能，保证职业技能竞赛公正有序地进行，我们研究制定了《国家级职业技能竞赛裁判员管理办法》（试行），现印发给你们，请在组织职业技能竞赛活动中，严格按照本办法的要求做好相关工作，并结合本地区、本部门实际情况，制定本地区、本部门的职业技能竞赛裁判员管理办法。在操作中如有问题，请及时与我办联系。

劳动和社会保障部
全国职业技能竞赛组织委员会办公室
二〇〇三年五月二十八日

国家级职业技能竞赛裁判员管理办法
（试行）

第一章　总　则

第一条　为加强国家级职业技能竞赛裁判员（以下简称裁判员）队伍建设和管理，提高裁判员的执裁水平和专业技能，保证职业技能竞赛公正有序地进行，根据《关于进一步加强职业技能竞赛管理工作的通知》（劳社部发〔2000〕6号）精神，制定本办法。

第二条　本办法所称裁判员是指按照国家职业技能竞赛有关规定，由劳动保障部职业技能鉴定中心（以下简称部鉴定中心）进行培训、认证后，颁发国家级职业技能竞赛裁判员资格证书和证卡，并对国家级职业技能竞赛进行执裁的人员。

第三条　裁判员的培训、认证、注册登记和监督检查工作由部鉴定中心负责。裁判员的日常管理工作由受委托的行业主管部门（行业组织）具体负责。

第二章　裁判员申报与认证

第四条　裁判员原则上应具备国家职业技能鉴定考评员资格，精通本职业（工种）技能竞赛规则和裁判方法，并能准确、熟练运用；具有丰富的本职业（工种）理论知识、实际工作经验和较高的专业技能、执裁工作能力，具有两次以上执裁全国或省级职业技能竞赛活动的经验。

第五条　凡具备裁判员资格条件的，可由本人提出申请，经所

在单位推荐，行业主管部门（行业组织）审核，参加部鉴定中心组织的所属职业（工种）裁判员培训；确因执裁工作需要，但本职业（工种）又未进行过考评员资格认证的，也可由本人提出申请，经所在单位推荐，由行业主管部门（行业组织）根据相应的考评员资格条件进行遴选，申报参加部鉴定中心组织的所属职业（工种）裁判员培训。

第六条　裁判员参加培训后，经部鉴定中心考核合格，可颁发国家级职业技能竞赛裁判员证书和证卡。

第三章　裁判员权利与义务

第七条　裁判员可享有以下权利：

（一）参加全国及省（市）级各类职业技能竞赛执裁工作。

（二）参加部鉴定中心组织的裁判员更新知识培训。

（三）独立行使职业技能竞赛执裁权。

（四）对职业技能竞赛规则和裁判方法提出修改意见和建议。

（五）监督本级裁判组织执行各项裁判员制度。

（六）对于裁判员队伍中的违纪违规行为有检举权。

第八条　裁判员应当承担下列义务：

（一）服从竞赛组委会的安排，积极参与职业技能竞赛的裁判工作。

（二）熟练掌握本职业（工种）职业技能竞赛规则和裁判方法，并参与职业技能竞赛评判方案的设计。

（三）配合所属行业主管部门（行业组织）或省（市、区）劳动保障部门进行有关裁判员执法情况的调查。

第四章 裁判员管理

第九条 职业技能竞赛筹备阶段应组织成立相应的竞赛评判委员会，负责选派和聘请竞赛裁判员，并报竞赛组委会审批。

第十条 职业技能竞赛评判委员会在赛前应认真审核裁判员证书注册登记情况，对不符合规定的，应取消其裁判资格，并报竞赛组委会审批。

第十一条 裁判员不得跨职业（工种）进行职业技能竞赛的执裁工作。

第十二条 裁判员在执裁工作中应严格实行回避制度和轮派制度。

第十三条 职业技能竞赛决赛活动结束后，裁判长应根据裁判员的执裁表现，在其证书相关栏目内签署意见。

第五章 裁判员证书审核与注册

第十四条 对裁判员实行注册登记制度。部鉴定中心根据裁判员的工作表现及所属行业主管部门（行业组织）的评价意见，每两年对裁判员证书进行一次审核注册，审核注册时间一般为证书有效期满前一个月。

第十五条 为提高裁判员专业素质和执裁水平，部鉴定中心会同裁判员所属行业主管部门（行业组织），每四年对裁判员进行一次更新知识培训考核。

第十六条 裁判员应在规定的有效期前，填报《国家职业技能竞赛裁判员审验申请表》，并将国家级职业技能竞赛裁判员证书及证卡一并送交所属行业主管部门（行业组织）初审，由其统一报送部鉴定

中心审核注册。

第十七条 裁判员有下列情节之一者，暂停注册：

（一）执裁过程中出现重大失误，对竞赛活动造成恶劣影响的。

（二）两年内因本人原因未担任任何裁判工作的。

（三）四年内未参加培训考核或培训考核不合格的。

第十八条 裁判员须持有效的国家级职业技能竞赛裁判员证书并佩戴证卡方能参加竞赛执裁工作；未按时注册的裁判员，其国家级职业技能竞赛裁判员证书和证卡失效，并取消其执裁资格。

第六章 罚 则

第十九条 裁判员处分分警告、取消该次比赛裁判资格、停止裁判工作两年和终身停止裁判工作四种。

第二十条 在执裁工作期间，未严格遵守赛场纪律或在现场执裁中出现漏判、错判者，视情节给予警告或取消该次比赛裁判资格的处分。

第二十一条 在比赛中执法不严，有意偏袒一方，妨碍公正执裁者，造成严重影响的，给予停止裁判工作两年的处分。

第二十二条 凡裁判员有下列情节者，给予终身停止裁判工作的处分：

（一）行贿受贿，徇私枉法的。

（二）在重要比赛中，因主观原因出现明显的错判或漏判，并造成恶劣影响的。

（三）触犯刑律，受到刑事处罚的。

第二十三条 对裁判员的警告和取消该次比赛裁判资格的处分，由竞赛组委会做出，并报部鉴定中心备案，同时向对裁判员进行日常管理工作的行业主管部门（行业组织）进行通报；裁判员被停止裁判工作两年、终身停止裁判工作的处分决定，由竞赛组委会报部鉴定中心批准，并由部鉴定中心发出通报。

第二十四条　比赛裁判长应对裁判员受处分情况在其证书内注明，以备查验。

第七章　附　则

第二十五条　各省、自治区、直辖市劳动保障部门和行业主管部门（行业组织）可参照本办法制订本地区（行业）职业技能竞赛裁判员的管理办法。

第二十六条　本办法自颁布之日起实行。

注：1. 提交申请时，请将国家职业技能竞赛裁判员证书与胸卡一并上交。

2. 执裁情况项目中须填写有效期内参加的省市级以上职业技能竞赛。

3. 申请人务必如实填写无底纹项目，书写时要字迹清晰、规范。

关于印发《职业技能竞赛技术点评要点》（试行）的通知

劳赛组函〔2007〕1号

各省、自治区、直辖市劳动和社会保障厅（局），国务院有关部门（行业组织、集团公司）劳动保障工作机构：

为加强技能人才选拔培养，促进高技能人才的技术交流，使竞赛技术点评工作向规范化、科学化、制度化方向发展，我们结合竞赛活动开展情况，制定了《职业技能竞赛技术点评要点》（试行），现印发给你们，请在竞赛活动中适时组织开展竞赛技术点评工作，并按照本要点要求做好相关工作。在操作中如有问题，请及时与中国就业培训技术指导中心技能竞赛处联系。

联系人：左兆龙

联系电话：010-84661075

通信地址：北京市朝阳区育慧路3号，中国就业培训技术指导中心技能竞赛处

邮政编码：100101

劳动和社会保障部
全国职业技能竞赛组织委员会
（代　章）
二〇〇七年二月一日

职业技能竞赛技术点评要点
（试行）

一、技术点评要求

（一）人员要求

1. 技术点评专家应精通本职业（工种）的相关技术技能，熟悉竞赛的评判规则和技术文件，并参加竞赛的前期技术准备工作和决赛裁判工作等，一般由决赛裁判长或副裁判长担任。

2. 参加人员为参赛选手、领队、裁判员和其他相关人员。

（二）时间要求

技术点评应安排在决赛活动期间，一般选择竞赛成绩公布后至颁奖前进行。点评的时间根据竞赛职业（工种）以及竞赛项目和点评工作需要而定，原则上不超过半天。

（三）场地设施要求

1. 场地

应能容纳所有决赛选手、领队、裁判员、其他相关人员和媒体人员等。

2. 多媒体设施

应具备计算机、投影仪、音响等多媒体设施。

3. 作品展台

依竞赛职业（工种）的需要，在条件允许情况下，在点评现场设置选手优秀作品展台。

（四）内容要求

点评前应就竞赛理论成绩、实操成绩、竞赛整体技术技能情况等内容召开专家会进行分析，依据相关数据得出结论，形成一套完整的分析报告。点评内容要紧扣竞赛主题，简明扼要，深入透彻，要突出点评重点，应在本行业和竞赛职业（工种）中具有较强的代表性和广泛的指导意义。

二、技术点评形式

（一）原则上以讲授形式为主，同时可采用互动方式进行答疑。

（二）应积极利用现代多媒体手段，帮助参加人员接受和理解点评内容，方便其与点评专家的交流。

（三）在点评实操内容时，可借助竞赛实操设备，讲解与示范相结合。

三、技术点评内容

（一）命题分析

1. 命题思路

阐述竞赛活动的命题依据，简要说明命题的整体思路，包括：理论知识考试的命题范围、难度、题型、题量；实际操作考试项目的命题范围、难度，以及对选手能力考核的设计内容、考核的关键点和配分原则等。

2. 纵向横向比较

纵向上，可结合历届竞赛试题和选手水平的变化，进行综合分析；横向上，可与不同行业的相同职业（工种）开展的竞赛或与国际性的相同职业（工种）技能竞赛进行分析比较，阐述本次竞赛命题的特点。

（二）评判分析

结合竞赛技术文件、评分规则、具体实例等要求，解析裁判员在评判过程中对执裁尺度的具体把握，突出对关键考点的评判分析。

（三）试题分析

1. 理论试卷分析

应根据参赛选手成绩的统计数据，结合定性与定量分析，对试题的重点部分和新考点进行解析。

2. 实操分析

（1）准备工作

应包括对心理准备、知识技能准备、工（量）具准备、材料准备、安全准备等各方面的分析。

（2）操作过程

应包括对实操过程的时间控制、工艺控制、质量控制、竞赛作品的自检与完善、应急情况处理等方面的分析，以及先进操作方法的介绍。

（3）操作结果

应包括对结果型项目存在的普遍性问题的分析。

（四）成绩分析

1. 分值分布

可从参赛组别、选手技能水平、年龄层次等不同角度，按照不同的统计方法，对竞赛成绩分布情况等进行汇总并以图表形式直观显示。

2. 分析结论

通过对选手成绩进行科学的解析判断，客观分析竞赛中取得成绩的原因和出现的问题，并给出相应对策。

（五）发展趋势分析

应包括本行业、本职业（工种）的前沿发展情况介绍，未来发展趋势分析。可从地区经济对行业（职业）的需求、行业（职业）对人才的技术技能要求、行业（职业）技术技能的发展变化趋势等方面介绍，使参加点评人员全面了解本行业、本职业（工种）发展方向，起到一定的导向和启示作用。

附件二 样本文件
竞赛实施方案（以首届全国数控技能大赛为例）
一、目的和意义

中国加入世界贸易组织后将逐步成为制造业大国，应用高新技术，特别是信息技术改造传统产业、促进产业结构优化升级，将成为今后一段时间制造业发展的主题之一。要实现制造业信息化，提高"中国制造"的竞争力，实施国家高技能人才培训工程，缓解经济快速发展带来的高技能人才的缺乏，就要大力推进职业教育的发展，利用一批具有自主知识产权的制造业信息化产品，着力培养和造就一大批既有理论水平又有操作技能的复合型人才；打造一支既掌握现代信息技术又精通传统制造工艺的高素质的专业技术人才队伍。

为此，劳动和社会保障部会同有关部门共同举办首届全国数控技能大赛活动。大赛是以车工、铣工和加工中心操作工等国家职业标准为基础，以国家高技能人才培训工程项目——现代制造技术应用软件课程培训和考核大纲为补充，密切结合生产实际开展的、有组织的群众性职业技能竞赛活动。目的就是要促进职工岗位培训，提高从业人员的业务素质，推动现代制造技术应用软件的应用，带动相关学校数控技术应用专业的发展，推广数控加工的先进工艺和方法，进一步提高产品质量，选拔优秀人才，促进高技能人才队伍的建设。

二、大赛组织机构

主办单位：劳动和社会保障部
　　　　　教育部
　　　　　科技部
　　　　　国防科工委
　　　　　中华全国总工会
　　　　　中国机械工业联合会

承办单位：北京北航海尔软件公司
　　　　　武汉华中数控股份有限公司
　　　　　北京市斐克科技有限责任公司

协办单位：（待定）

大赛成立首届全国数控技能大赛组织委员会（以下简称组委会），组委会下设专家委员会、评判委员会、竞赛程序工作委员会和秘书处。组委会负责竞赛的整体安排和组织管理；指导竞赛程序工作委员会、秘书处和评判委员会的工作；对竞赛期间的重大事项进行决策；对竞赛各项组织和赛事工作进行监督检查。专家委员会负责制定竞赛规则、评判标准等工作。竞赛程序工作委员会负责赛程赛事规划、宣传及招商赞助。评判委员会负责竞赛评判和命题等工作。秘书处具体负责大赛日常组织及事务性工作。

评判委员会是本次大赛的最高评判机构，负责全国决赛的评判工作并指导各省、自治区、直辖市竞赛的评审工作。

各省、自治区、直辖市和十大国防科技工业企业集团（以下简称"十大集团"）应分别设立组织委员会和评审委员会，负责本地区的竞赛评审工作。

三、竞赛工种

首届全国数控技能大赛分为学生组和职工组两个组别。学生组包括数控车床操作员和数控铣床操作员两个工种。职工组包括数控车床操作员、数控铣床操作员和加工中心操作员三个工种。

四、参赛对象与报名方法

（一）学生组

1. 参赛对象为在校的本科生，高职高专生以及中专、技校学生。

2. 参赛学生必须遵守法律法规和学校的各项规章制度，刻苦学习，钻研技术，成绩优良。

3. 参赛者需按要求做好申报材料的准备，可以个人名义或由学校统一组织在各省、自治区、直辖市赛区指定的地点报名，并可自愿参加辅导培训。

（二）职工组

1. 参赛对象为从事相关专业或工种的从业人员，不受学历和职务的限制。

2. 参赛选手应具有相关工种职业资格三级及以上水平，并具有数控加工工艺制订、编程（含自动编程软件应用）和操作技能的综合能力。

3. 参赛选手必须遵守国家有关法律法规，具有良好的职业道德，爱岗敬业，锐意进取，刻苦钻研技术，勇于创新。

4. 参赛者需按要求做好申报材料的准备，可以个人名义或由单位统一组织在各省、自治区、直辖市赛区和十大集团指定的地点报名，并可自愿参加辅导培训。

五、竞赛方式

本次大赛分初赛、复赛和决赛三个阶段进行。

初赛由省级赛区和十大集团组委会组织进行，于2004年8月31日前完成，初赛的优胜者进入复赛阶段竞赛。

复赛由省级赛区和十大集团组委会组织进行，于2004年10月31日前完成，复赛的优胜者按照分配名额进入全国决赛。

全国决赛由全国组委会组织进行，时间拟在2004年11月，地点暂定在北京。

六、大赛内容及形式

（一）学生组

大赛分为理论知识和实际操作技能两部分。

1. 数控车床操作员

理论知识以国家职业标准《车工》高级工标准为基础，以现代制造技术应用软件课程培训和考核大纲为补充，以笔试和口试的形式分别进行。

实际操作技能参照国家职业标准《车工》高级工标准要求进行，同时考核CAD/CAM软件与数控加工仿真软件的应用。

2. 数控铣床操作员

理论知识以国家职业标准《加工中心操作工》高级工标准为基础，以现代制造技术应用软件课程培训和考核大纲为补充，以笔试和口试的形式分别进行。

实际操作技能参照国家职业标准《加工中心操作工》高级工标准要求进行，同时考核CAD/CAM软件与数控加工仿真软件的应用。

（二）职工组

大赛分为理论知识和实际操作技能两部分。

1．数控车床操作员

理论知识以国家职业标准《车工》技师标准为基础，以现代制造技术应用软件课程培训和考核大纲为补充，以笔试和口试的形式分别进行。

实际操作技能参照国家职业标准《车工》技师标准要求进行，同时考核CAD/CAM软件与数控加工仿真软件的应用。

2．数控铣床操作员

理论知识以国家职业标准《加工中心操作工》技师标准为基础，以现代制造技术应用软件课程培训和考核大纲为补充，以笔试和口试的形式分别进行。

实际操作技能参照国家职业标准《加工中心操作工》技师标准要求进行，同时考核CAD/CAM软件与数控加工仿真软件的应用。

3．加工中心操作员

理论知识以国家职业标准《加工中心操作工》技师标准为基础，以现代制造技术应用软件课程培训和考核大纲为补充，以笔试和口试的形式分别进行。

实际操作技能参照国家职业标准《加工中心操作工》技师标准要求进行，同时考核CAD/CAM软件与数控加工仿真软件的应用。

竞赛总成绩由理论知识和实际操作技能两部分成绩组成，其中理论知识占40%，实际操作技能占60%。

每位参赛者必须参加理论知识和实际操作技能两项内容的比赛，并在规定时间内按要求完成比赛内容，评判委员会依据评判标准对其参赛结果打分。

七、评审裁判

评判委员会在组委会领导下，全面负责大赛的各项赛务工作。其主要工作职责：负责制订相关竞赛技术性文件；负责竞赛复习辅导资料的编写；负责选手的培训和辅导；负责场地、数控机床、刀具、量具、测具的检验、检测、确认及分配；负责竞赛各阶段的评判工作；负责竞赛结果的核实、发布，并参与竞赛结果的复核。理论知识和实际操作技能均聘请有关专家出题。为保证竞赛命题的公正性和保密性，评判委员会下设命题组，专门负责竞赛命题和建立题库的工作。

评判委员会中的总裁判长由业内知名专家担任。裁判员由组委会商请数控技术水平较高的地区、企业和学校推荐作风好、技术精、裁判经验丰富的高级技师、技师、高级工程技术人员、中级以上职称的教师，经劳动和社会保障部培训认定后颁发国家级技能竞赛裁判员证书。裁判人员的基本要求是：

1. 热爱本职工作，具有良好的职业道德和心理素质。

2. 从事数控加工技术工作15年以上，并在数控加工技术、技能方面获得较高声誉。

3. 具有数控车工或数控铣工技师以上职业资格或该专业中级以上专业技术职务，具有国家级考评员资格的人员可优先考虑。

4. 原则上年龄应在50岁以下，身体健康，能够胜任裁判工作。

5. 能够自觉坚持公平、公正原则，秉公执法，不徇私情。

6. 具有较高的裁判理论水平和丰富的实践操作经验，熟练掌握竞赛规则，现场运用准确、得当。

7. 具有较丰富的临场执法经验和组织现场裁决的能力。

八、奖励办法

（一）学生组

1. 在全国决赛各工种中获得前5名的选手由劳动和社会保障部破格授予技师资格，并颁发奖杯、奖金和荣誉证书。

2. 全国决赛各工种前三名获得者由大赛组委会授予奖杯。

3. 参加全国决赛的其他选手由大赛组委会授予"首届全国数控技能大赛（学生组）优秀奖"，并颁发奖杯、奖金和荣誉证书。

4. 对获得全国决赛各工种前10名选手的选送学校，由大赛组委会授予荣誉称号，并颁发奖牌和荣誉证书。

5. 各赛区可参照制定本赛区的奖励办法。

（二）职工组

1. 在全国决赛各工种中获得前5名的选手，报请劳动和社会保障部授予"全国技术能手"荣誉称号，并颁发奖章、奖牌、奖金和荣誉证书。

2. 全国决赛各工种前三名获得者由大赛组委会授予奖杯。

3. 在全国决赛各工种中获得第6名至第10名的选手授予"全国数控技术能手"荣誉称号，颁发奖杯、奖金和荣誉证书。

4. 对获得全国决赛各工种前30名的选手，经核准后，晋升一级职业资格。

5. 参加全国决赛的其他选手由大赛组委会授予"首届全国数控技能大赛优秀奖"，颁发奖杯、奖金和荣誉证书。

6. 对获得全国决赛各工种前10名选手的选送单位，由大赛组委会授予荣誉称号，并颁发奖牌和荣誉证书。

7. 各赛区可参照制定本赛区的奖励办法。

竞赛技术纲要（以第二届全国数控技能大赛竞赛为例）

一、竞赛概述

分组：学生组、教师组、职工组。

工种：数控车工、数控铣工、加工中心操作工。

依据：《数控车工》《数控铣工》《加工中心操作工》国家职业标准。

时间：2006年9月中旬。

地点：北京。

二、竞赛说明

第二届全国数控技能大赛的总成绩由理论知识与软件应用和操作技能两部分成绩组成，其中理论知识与软件应用占30%，操作技能占70%。

每位参赛者必须参加理论知识与软件应用和操作技能两项内容的比赛，并在规定时间内按要求完成比赛内容。参赛选手的成绩评定由大赛技术工作委员会的裁判组负责。

理论知识与软件应用竞赛包括：数控技能的相关理论知识、零件设计造型和加工造型、数控编程（包括手工编程和利用CAD/CAM软件自动编程）、计算机仿真加工（仅限学生组、教师组）。相关理论知识和手工编程的竞赛内容采用笔答方式，计算机造型、自动编程、计算机仿真加工的竞赛内容采用上计算机操作方式。

操作技能竞赛采用现场实际操作方式，按图纸要求完成试件加工。

裁判员和选手的配备：理论知识竞赛与软件应用竞赛每个赛场配

备3名评判人员。操作技能竞赛每机位配备2名评判人员，每个工种的赛场另设裁判长1名，竞赛监督2名，工程技术人员3名。

竞赛时间：理论知识竞赛时间为120分钟；学生组和教师组软件应用竞赛时间为180分钟；职工组软件应用竞赛时间为120分钟。操作技能竞赛时间：学生组不少于360分钟；教师组选手、职工组不少于420分钟。

三、技术要求

（一）职业道德

1．爱岗敬业，忠于职守。

2．努力钻研业务，刻苦学习，勤于思考，善于观察。

3．工作认真负责，严于律己，吃苦耐劳。

4．遵守操作规程，坚持安全生产。

5．着装整洁，爱护设备，保持工作环境的清洁有序，做到文明生产。

（二）基础知识

1．数控机床工作原理（组成结构、插补原理、控制原理、伺服系统）。

2．数控加工工艺（切削工艺、切削用量、夹具选择和使用、刀具选择和安装调整）。

3．编程技术（程序格式、常用指令、子程序、固定循环、参数编程）。

4．CAD/CAM软件使用方法（零件的几何建模、刀具轨迹的生成、后置处理及代码生成）。

5．操作技能知识（机床操作与维护、功能键使用、工件测量）。

（三）竞赛内容要求

学生组竞赛内容要求应包括最新国家职业标准《数控车工》或者《数控铣工》或者《加工中心操作工》高级工及高级工以下所有低级别的要求。

教师组竞赛内容要求应包括最新国家职业标准《数控车工》或者《数控铣工》或者《加工中心操作工》技师及技师以下所有低级别的要求。

职工组竞赛内容要求应包括最新国家职业标准《数控车工》或者《数控铣工》或者《加工中心操作工》技师及技师以下所有低级别的要求。

保密协议（以第二届全国技工院校技能大赛为例）

保密责任书

一、为保证第二届全国技工院校技能大赛（以下简称大赛）的顺利开展，按照《中华人民共和国保守国家秘密法》和《劳动和社会保障工作中国家秘密及其密级具体范围的规定》（劳社部发〔2000〕4号）有关规定，大赛活动试题、试卷等有关内容和成果属国家秘密，在保密期限内，赛前技术准备、比赛现场情况、数据等均须严格保密。为保证大赛的严肃性和公平性，____（以下简称"责任单位"）作为第二届全国技工院校技能大赛的协办方（赛场提供单位）须签订"第二届全国技工院校技能大赛保密责任书"。

二、第二届全国技工院校技能大赛试卷、试题及评分标准的保密期为命题工作开始到赛事结束；赛前技术准备和考场发生的情况、数据保密期截止到赛事结束。责任单位及其参与赛事相关工作的人员在上述规定保密期限内不能以任何形式将上述保密事项泄露、暗示给本单位选手和任何其他第三人。

三、责任单位在赛前须对安全员进行培训，有督促安全员对竞赛过程中场内的情况和产生的数据严格保密的责任。

四、责任单位确认，上述承诺均出于真实意思，经责任单位（代表）签章后，即发生法律效力。未经双方书面同意，任何一方不得作修改、补充或其他修订。本责任书自签字之日起生效并由大赛办公室存档。

责任（单位）人：　　　　　　　　责任（单位）人：

　　年　月　日　　　　　　　　　　年　月　日

试题保密责任书

一、为保证第二届全国技工院校技能大赛（以下简称大赛）的顺利开展，按照《中华人民共和国保守国家秘密法》和《劳动和社会保障工作中国家秘密及其密级具体范围的规定》（劳社部发〔2000〕4号）有关规定，大赛试题、试卷、标准答案、评分标准、命题计划、命题要素表、组卷计划书等与命题有关的工作内容和成果属国家秘密，为此，参与本次试题、试卷编写、审定及相关工作的人员必须签订"第二届全国技工院校技能大赛竞赛试题保密责任书"。

二、大赛组委会委托_____（以下简称"责任人"）参与本次试题、试卷编写、审定及相关工作，该工作属国家秘密，责任人及所有参与该工作的人员对大赛试题、试卷、标准答案、评分标准、命题计划、命题要素表、组卷计划书等与命题有关的工作内容和成果负有保密责任。

三、大赛试题、试卷、标准答案及评分标准保密期为命题工作开始到试卷使用结束；命题计划、命题要素表、组卷计划书等与命题有关的工作内容和成果等保密期为两年。责任人保证在上述规定保密期限内不能以任何形式将上述保密事项泄露、暗示给任何其他第三人。

四、责任人确认，上述承诺均出于真实意思，经责任人签字后，即发生法律效力。未经双方书面同意，任何一方不得作修改、补充或其他修订。本责任书自签字之日起生效并由大赛办公室存档。

责任人（签字）：　　　　　　　　责任人（签字）：
　　年　月　日　　　　　　　　　　年　月　日

裁判保密责任书

一、为保证第二届全国技工院校技能大赛（以下简称大赛）的顺利开展，按照《中华人民共和国保守国家秘密法》和《劳动和社会保障工作中国家秘密及其密级具体范围的规定》（劳社部发〔2000〕4号）有关规定，大赛试题、试卷、标准答案、评分标准等与命题有关的工作内容和成果属国家秘密，在保密期限内，比赛现场情况、数据和评判成绩等均须严格保密，为此，参加本次大赛裁判及其相关工作人员必须签订"第二届全国技工院校技能大赛裁判保密责任书"。

二、大赛组委会委托_____（以下简称责任人）参与本次大赛裁判及其相关工作，责任人及所有参与裁判工作的人员对大赛试题、试卷、标准答案、评分标准等命题有关的工作内容和成果，以及考场发生的情况、数据和比赛评比成绩有保密责任。

三、大赛试题、试卷、标准答案及评分标准的保密期为命题工作开始到比赛结束；考场发生的情况和数据保密期为比赛开始到比赛结束；比赛评判成绩保密期截至大赛组委会公布以前。责任人在上述规定保密期限内不能以任何形式将上述保密事项泄露、暗示给任何其他第三人。

四、责任人确认，上述承诺均出于真实意思，经责任人签字后，即发生法律效力。未经双方书面同意，任何一方不得修改、补充或其他修订。本责任书自签字之日起生效，并由大赛办公室存档。

责任人：（签字）　　　　　　　　责任人：（签字）

　年　月　日　　　　　　　　　　　年　月　日

抽签办法和赛务注意事项
（以第二届全国技工院校技能大赛为例）

一、抽签办法

抽签按照竞赛工种分5个教室进行，各教室门口已贴了标志，请各省分别安排5人（领队或教练）参加抽签。抽签箱入口为长袖套，抽签人不能看到箱内的情况，选手号码写在乒乓球上。

1. 确定抽签顺序

首先，按照各省的发文顺序，由各赛区抽签代表抽取抽签顺序。由工作人员登记抽签顺序卡，一式两联，由各赛区抽签代表和工作人员各执一联，并按照该顺序进行抽签。

2. 抽取选手顺序号

（1）为尽快安排，工作人员已对应每个顺序号安排

理论考试教室和座位以及实操考试场次，即抽出选手顺序号后就已经确定了他们的理论考试教室和座位号以及实操考试的场次。

（2）工位号的确定

考虑到工具钳工开赛时间早，且设备影响因素小，材料、工具准备量大，其选手实操工位由工作人员事先与选手顺序号对应排出，选手不再自己抽工位号。

焊工、汽车维修工、计算机维修工和维修电工4个工种实操工位由选手在赛前自己抽取。

（3）选手顺序抽取办法

每工种按中级组和高级组分别设置两个抽签箱。按该工种选手登记表顺序抽取，抽签代表每次抽1球，每球代表1名选手，球数与选手

数相等,没有重复号。注意,抽签人每次只允许抽1球,直到选手全部抽出为止。

3. 顺序号的登记

抽签代表抽出顺序号后,由工作人员现场登记,抽签代表和工作人员确认后签字。选手竞赛试室和场次安排表一式两联,由选手和工作人员各执一联。

选手参赛凭胸卡、竞赛试室和场次安排表点录后,参加考试。如选手不能出示竞赛试室和场次安排表,则由赛务组统一安排。

注意:

(1) 各赛区领队要负责将竞赛试室和场次安排表发至选手。

(2) 请领队通知本赛区的选手务必带胸卡、竞赛试室和场次安排表进场考试。

4. 工位号的抽取

汽车维修工、计算机维修工和维修电工3个工种实操工位由选手在赛前检录时自己抽取。工位安排表一式两联,由选手和工作人员各执一份。

二、赛务注意事项

1. 在实操现场,各竞赛工种集中地点设有标志牌,请选手下车后找本工种的标志牌。需直接参赛的选手在去赛场的标志牌前集中,隔离的选手在隔离的标志牌前集中,由工作人员引导去相关场所。在现场有工作人员引导,请选手服从现场工作人员的指挥。

2. 赛程安排已发给大家,请各代表队抓紧熟悉。领队和教练要熟悉赛程和各竞赛场所,认真组织好选手参加相关竞赛。

安全第一，请选手严格按照操作规程的要求进行比赛，在操作中如出现不安全因素，要服从裁判管理。

（1）选手和裁判不能携带通讯工具进入赛场，汽车维修工和维修电工两个工种因比赛要求需要隔离。进入隔离区的选手要服从指挥，不能随意进出，上厕所等要向工作人员报告，由其安排。

（2）选手要服从裁判裁决，如有争议要由领队书面提出申诉，不能因争议影响比赛的正常进行，不服从管理的选手将被取消比赛资格。

竞赛规则（以第二届全国技工院校技能大赛为例）

一、竞赛办法

1. 各职业按照《国家职业标准》的知识要求和技能要求，分理论知识和实际操作两部分竞赛，两部分竞赛采用开、闭卷相结合的考试方法进行。

2. 竞赛时间

（1）理论知识

汽车修理工：60分钟

焊工：90分钟

工具钳工：120分钟

维修电工：120分钟

计算机维修工：60分钟

（2）实际操作

汽车修理工（学生高级组）：95分钟

汽车修理工（学生中级组）：120分钟

焊工（学生高级组）：100分钟

焊工（学生中级组）：90 分钟

工具钳工（学生高级组）：360分钟

工具钳工（学生中级组）：300分钟

维修电工（学生高级组）：220分钟

维修电工（学生中级组）：240分钟

计算机维修工（学生中级组）：180分钟

具体时间分配以各职业技术文件为准。

3. 参赛选手提前结束实际操作竞赛，需举手向裁判员示意。由裁判员将终止时间记录在《实际操作现场评分表》中。

4. 决赛试题由大赛组委会负责统一命题，并由组委会负责组织评委会进行阅卷、检测和评分等工作。

5. 各职业实际操作竞赛由参赛选手自带必要的工、夹、量、刃具（明细规格请参照各职业决赛技术文件）。

6. 实际操作竞赛所用机台均为竞赛前通过抽签确定，不准私自变更。如因设备故障原因导致选手中断竞赛，需由裁判长视具体情况做出决定。

7. 实际操作竞赛的参赛选手应按照职业要求穿戴个人劳保用品（均需自带），并严格遵照本职业操作规程进行竞赛，符合安全、文明生产要求。

二、成绩评定

1. 竞赛成绩由理论知识竞赛成绩和实际操作竞赛成绩两部分组成，其中实际操作竞赛成绩包括现场操作规范得分和试件加工质量得分。

2. 理论知识竞赛试卷采用密封阅卷，实际操作试件采用密码编号后检测评分。

3. 各参赛选手理论知识竞赛成绩以百分计算，得分的30%计入个人总成绩，实际操作竞赛成绩同样以百分计算，得分的70%计入个人总成绩，个人总成绩计分方式为：个人总成绩＝理论知识竞赛得分×30%＋实际操作竞赛得分×70%。

4. 本次大赛按照竞赛个人总成绩决定大赛名次。总成绩相同者，以实际操作竞赛成绩高者为先；如实际操作竞赛成绩仍然相同，以实际操作竞赛时间短者为先。若仍不能分出先后，取相同名次。

5. 团体奖计分办法

大赛设5个竞赛职业，共分9个组别。

第一名：90分

第二名：89分

第三名：88分

……

以此类推。

第九十名：1分

各省团体总分等于9个组别各省选手得分之和；各院校团体总分等于9个组别院校选手得分之和。

团体总分相同者，比较9个组别中个人名次最好的选手，个人名次在前的，其团体名次在前，以此类推，直至分出先后。若仍不能分出先后，取相同名次。

6. 各代表队和参赛选手不得查阅理论知识考卷和实际操作试件。

三、赛场准备

1. 承办单位严格按规定的时间和本规则，做好赛场准备工作。

2. 理论知识赛场按照职业和组别设置。每个赛场按照单人单座单列的要求摆放和编号。要求赛场的采光、通风良好，卫生整洁。

3. 实际操作赛场应符合文明生产的要求，场内的设备、设施、工位的摆放、操作台的设置和编号应符合竞赛职业的特点和安全操作规范的要求。

4. 各赛场入口处应有醒目的赛场编号、职业标志和座位（工位）的起止序号、考生守则、赛场纪律、考试时间及赛场说明；实际操作技能竞赛赛场内应有关于安全文明生产操作规程以及警告和禁止标志。

5. 赛场准备结束后，应由监审人员和竞赛办公室人员组织检查验收，确认无误后签字负责。

6. 赛场内必须保持安静，禁止吸烟、随地吐痰和高声喧哗。

四、赛场组织

1. 在大赛组委会的领导下，组委会办公室负责大赛组织协调工作。监审组负责对大赛全过程进行监督，并受理各代表队和选手的申诉。

2. 成立决赛现场指挥部。设总指挥、副总指挥若干人（由大赛组委会成员组成）；总裁判长1人，评审组长、现场裁判长若干人；仲裁组长2人，仲裁人员若干人。总指挥为大赛最高领导，负责大赛全部领导工作，副总指挥协助总指挥工作。总裁判长负责全权处理赛场的竞赛、监考等有关竞赛技术工作，评审组长、现场裁判长协助总裁判长的工作。仲裁组长负责组织对监审组受理的大赛过程中各代表队和选手的申诉、争议进行裁决。

五、裁判纪律

1. 裁判员必须服从裁判长的领导，遵守裁判职业道德，文明裁判。

2. 裁判员必须佩戴裁判员胸牌，仪表整洁，举止文明礼貌，接受参赛人员的监督。

3. 保守大赛试题秘密，严肃赛场纪律。

4. 严格遵守大赛时间，不得擅自提前或延长。

5. 严格执行大赛规则，除应向参赛选手宣读竞赛须知外，不得向参赛选手暗示或解答与竞赛有关的内容。按大赛有关规程、评分标准和评分细则进行评分,做到公平、公正、真实、准确。

6. 裁判员评分时不得相互商量,竞赛过程中如出现问题或异议,服从总裁判长的裁决,避免与参赛选手和相关人员发生争执。

7. 大赛组委会正式公布成绩和名次前,裁判员不得私自与参赛选手或代表队联系,不得透露有关情况。

8. 坚守岗位,不迟到、早退,无特殊情况不得在竞赛期间请假。

六、申诉与仲裁

1. 参赛选手对不符合本大赛规则规定的设备、工具、检测、评判以及工作人员的违规行为等,均可提出申诉。

2. 参赛选手申诉均须通过所在代表队领队,按照规定的时限以书面形式向监审组提出,由仲裁组进行裁决。

3. 仲裁组的裁决为最终裁决,参赛选手不得因申诉或对处理意见不服而停止竞赛,否则按弃权处理。

七、其他

1. 本次大赛由公证机构全程监督和公证。

2. 本规则为大赛决赛规则,初赛、复赛可参照此规则执行。

3. 本规则的最终解释权归大赛组织委员会。

考场纪律

一、理论知识竞赛考场纪律

1. 参赛选手必须佩戴参赛证件，按考试时间提前30分钟进入指定考场，按指定座位就座，并接受监考人员检查。

2. 迟到30分钟及以上者，取消考试资格；考试开始30分钟后，选手方可交卷离开考场。

3. 参赛选手进入考场时，除按大赛技术文件规定携带考试用品外，不准携带其他资料和通讯工具。

4. 选手在考试过程中不得擅自离开座位，如有特殊情况，需经监考人员同意后特殊处理。

5. 参赛选手在考试过程中，如遇问题，须举手向监考人员提问。

6. 参赛选手在考场内不得发生交头接耳、偷看、暗示等作弊行为和违反考场规则的行为。

7. 只允许参赛选手在理论试卷规定的地方用蓝黑色钢笔或中性笔答题，中途不准更换，不准在卷面上做其他任何标记。

8. 考试在规定时间结束时，选手应立即停止答卷，并将试卷反放在桌上，起立，待监考人员收卷后，方可离开考场，不得以任何理由拖延考试时间。

9. 保持考场安静，不得大声喧哗或吸烟。

二、实际操作竞赛考场纪律

1. 参赛选手必须佩戴参赛证件及穿戴大赛规定的参赛服装参赛，务必按时到达指定竞赛场地参赛，并接受裁判员的检查。

2. 参赛选手进入赛场时，除按大赛技术文件规定携带比赛用品外，严禁携带其他技术资料、工具书、通讯工具进入竞赛场地。

3. 竞赛过程中出现设备问题，应请裁判长确认原因，如果确实是因为设备故障原因导致选手中断或终止竞赛，由裁判长视具体情况作出决定。

4. 选手在竞赛过程中不得擅自离开竞赛场地，如遇有特殊情况，需经裁判员同意后特殊处理。

5. 竞赛在规定时间结束时，参赛选手应立即停止操作，不得以任何理由拖延竞赛时间，随后进行相关的清理工作，经裁判员检查许可后，参赛选手方可离开竞赛场地。

6. 参赛选手应爱护竞赛场所的仪器设备，并自觉维护竞赛场所的环境卫生，操作设备应谨慎，不得触动非竞赛用仪器设备。

7. 竞赛过程中因违反安全操作规程造成设备或人身安全事故者，按相关规定追究责任。

8. 保持考场安静，不得大声喧哗或吸烟。

裁判工作守则

一、遵守裁判职业道德，严格履行工作职责。

二、服从裁判长的领导，积极认真地做好比赛裁判工作。

三、坚守岗位，不迟到早退，无特殊情况不得在竞赛期间请假。

四、裁判员必须佩戴裁判员胸牌，仪表整洁，举止文明礼貌，接受参赛人员的监督。

五、在比赛前需要熟悉、掌握本次比赛考核的工种、项目、内容、要求及其他相关内容，做好赛场场地、器械、设备、材料的检验、检测和确认工作。

六、现场裁判在开考前，应查验参赛选手的身份证和参赛证，是否与应考人、应考工种相符，并向选手宣读考场规则和考场纪律。

七、严格遵守大赛时间，不得擅自提前或延长考试时间。

八、严格执行考场纪律，及时制止选手的违纪行为。

九、严格执行大赛规则，不得向参赛选手暗示或解答与竞赛有关的内容。

十、按大赛有关规程、评分标准和评分细则进行评分，不得与其他裁判员相互商量，做到公平、公正、真实、准确。

十一、大赛组委会正式公布成绩和名次前，裁判员不得私自与参赛选手或代表队联系，不得透露有关情况。

十二、保守大赛试题秘密，严肃考场纪律。

十三、裁判要提醒选手注意操作安全，对于选手的违规操作或有可能引发人身伤害、设备损坏等事故的操作，应立即制止并向现场负责人报告。

十四、竞赛过程中如出现问题或异议，应服从总裁判长的裁决。

参赛选手守则

一、参赛选手要严格遵守竞赛规则、考场纪律及安全文明生产操作规程，做到严肃认真，公平竞争，不弄虚作假、营私舞弊，自觉维护赛场秩序。

二、参赛选手必须服从组委会和裁判员的统一指挥安排。

三、参赛选手须提前30分钟凭参赛证进入考场。

四、参赛选手应按考号在进入指定位置，不得随意调换。

五、迟到30分钟及以上者，取消考试资格；考试开始30分钟后，方可离开考场。

六、考试开始后，如有疑问，应举手待监考人员或裁判到后询问；在理论知识知识考试中不得交头接耳、传递纸条，不得偷看别人试卷、暗示或帮助别人答题；在实际操作考试中，不得相互商量或随意走动。

七、考试在规定时间结束时，参赛选手应立即停止答卷或停止试件制作。

八、禁止吸烟、随地吐痰和高声喧哗。

大赛违纪处理规定

为严肃本次大赛纪律，保证大赛进程的公开、公平、公正，对违反大赛纪律的人员作如下处理：

一、发现参赛选手不符合报名规定条件的、冒名顶替和弄虚作假的，报经大赛组委会核实批准后，一律取消该选手的参赛资格，追究有关领导责任，并通报批评。

二、参赛选手有下列情节之一的，竞赛成绩为零分：

（一）比赛期间违规翻阅书籍、笔记、纸条等资料者。

（二）将姓名、编号等写在规定位置外或在理论知识试卷上作各种标记者。

（三）在考场内交头接耳、偷看、暗示等作弊行为者。

（四）比赛期间使用通讯工具与他人联系者。

（五）裁判根据大赛要求宣布比赛结束后，仍强行作答或操作者。

（六）不服从裁判员的裁决，扰乱竞赛秩序，影响比赛进程，情节恶劣者。

（七）其他违反比赛规则不听劝告者。

三、参赛选手如造成仪器设备损坏，应由当事人单位承担赔偿责任（视情节而定）；不得触动非竞赛用仪器设备，如造成仪器设备损坏，由当事人单位承担赔偿责任并通报批评；参赛选手若出现恶意破坏仪器设备等情节严重者送交司法机关处理。

四、对于违反大赛纪律的各代表队非参赛人员，将视情节轻重给予警告或通报批评。

五、对违反大赛纪律的裁判员、工作人员，各工种裁判长报经组委会核实批准后视情节轻重给予警告或取消其裁判资格。

六、存在违纪参赛选手或人员的代表队，取消获得团体奖励的资格。

七、非竞赛工作人员、参赛选手一律不得进入赛场指定安全范围内，不听劝阻造成不良后果者，追究其责任，并对其所在单位进行通报批评。

八、不得以任何方式或借口进行暗示、指导、帮助，影响选手操作。确有必须办理与考试无关的事，经现场裁判长同意，选手方可与其交谈，但必须在工作人员的监督下进行，且不能远离考场。

九、对违章操作，不戴防护用品的选手，裁判应及时予以纠正，并酌情扣除选手操作成绩。

十、选手参加实际操作比赛前，应穿戴好防护用品进行安全检查，如发现问题应及时解决，无法解决的问题应及时向裁判员报告，裁判员视情况予以判定，并协调处理。对选手未发现的安全隐患或违章操作行为，裁判员应及时指出并予以纠正，酌情扣除选手实际操作成绩，并填入《实际操作现场评分表》。

十一、选手若对判罚有异议，可向总裁长提出申诉，以仲裁裁定为准。

参赛选手违规情况记录单

竞赛名称

选手姓名		性别		职业 （工种）	
参赛证号		身份证号码			
所属单位					
违规 情况 记录	违规人签字： 　　年　月　日　　　　现场裁判员签字： 　　　　　　　　　　　　　　　年　月　日					
本职业 （工种） 裁判长 核　实 意　见	裁判长签字： 　　　　　　　　　　年　月　日				
竞　赛 仲裁组 处　理 意　见	组长签字： 　　　　　　　　　　年　月　日				

此联由竞赛仲裁组保存。

参赛选手违规情况处理意见回执单

竞赛名称

选手姓名	
职业（工种）	
参赛证号	

竞赛仲裁组处理意见：

组长签字：
年 月 日

此联送至本职业（工种）裁判长，用于评分使用；并由竞赛组委会保存。

安全守则

一、服从命令，听从指挥，在规定区域内活动，不得擅自离开。

二、参赛人员必须按规定穿戴好劳动保护用具。

三、所有进入赛场的车辆、人员凭竞赛标志通行，主动接受保卫部门的检查。

四、领队、裁判、教练及参赛选手等所有人员只准在指定吸烟区内吸烟。

五、参赛人员不得将大赛提供的工具、材料等物品带出赛场。

六、参赛人员对竞赛过程、结果有异议时，可以通过领队向竞赛组委会反映，不得扰乱赛场秩序。

七、比赛期间如发生火情、地震、伤病等特殊情况，要保持镇静，服从现场工作人员指挥，参与扑救或有效撤离。

竞赛组织机构职责

一、会务组

1. 负责联系、邀请有关部门领导。
2. 负责参加竞赛领导的接待工作及竞赛期间领导的活动安排。
3. 负责制订总决赛日程安排。
4. 负责竞赛期间各种会议的安排和落实。
5. 负责竞赛开、闭幕式的策划、组织及实施工作。
6. 负责起草并下发竞赛通知。
7. 负责徽章、赛旗、奖品、物品、各种证件的设计、制作、管理和发放。
8. 负责竞赛参赛选手、裁判、领队及工作人员的着装安排。
9. 完成领导交办的其他工作。

二、材料组

1. 负责竞赛相关领导讲话稿和主持词的起草。
2. 负责决赛期间宣传材料的编制和印刷。
3. 负责决赛开幕式上裁判员誓词、选手代表发言稿的起草。
4. 负责与媒体有关人员的联系工作。
5. 负责竞赛期间有关新闻报道的组织工作。
6. 负责决赛结束后的后续宣传报道工作。
7. 负责竞赛有关资料的整理、汇编和刊印工作。
8. 其他材料的起草、收集、整理工作。

三、后勤保障组

1. 负责所有参赛人员的食宿安排。
2. 负责竞赛所用车辆的管理与调度。
3. 负责所有参会人员的医疗卫生和救护。
4. 负责参会人员返程车票的预订工作。

四、安全保卫组

1. 负责赛场的技术安全工作。
2. 负责赛场的治安保卫工作。
3. 负责比赛期间本地区的稳定工作。

五、竞赛组

1. 组织制订竞赛规则、评分标准及相关竞赛技术性文件。
2. 负责竞赛复习内容、辅导资料等的确定。
3. 负责决赛场地、器械、设备(包括对考试试件的检测设备)的检验、检测、确认及分配。
4. 负责决赛的评判工作。
5. 负责决赛结果的核实、发布,并参与决赛结果的复核等。
6. 负责决赛命题的公正和保密性。
7. 负责组织竞赛理论、实际考试命题。
8. 负责组织理论考试的监考、试卷的判阅、评分、汇总登记。
9. 负责实际考试的试件制作、发放、评分、汇总登记、监考。
10. 负责试件的编号、封存、收回及现场操作的评分。
11. 负责试件的检验评分并按号汇总。

12．负责分类汇总推荐参加决赛的选手名单。

13．负责命题人员和裁判人员的招聘。

14．负责决赛的裁判工作。

15．配合各组做好竞赛相关工作。

16．完成领导交办的其他工作。

国际青年奥林匹克技能竞赛规章

章程

一、名称、地址和时限

第一条

1.1 名称

本组织的名称是促进职业培训和国际青年奥林匹克技能竞赛国际组织。

1.2 地址

本组织总部设在西班牙,秘书处设在瑞士。

1.3 时限

由本组织根据意愿确定。

二、目标和任务

第二条

2.1 目标

本组织的目标是促进:

——职业培训和教育。

——自由交换有关职业培训的信息。

——成员国之间青年专业人员和培训人员的交流。

——专业人员和职业培训的总体社会地位。

2.2 任务

为达到上述目标,本组织主要承担以下任务:

——定期举行成员国青年专业人员国际职业培训竞赛。

——通过研讨班、会议和分析资料的方式交流有关教育体制、教学方法、教学辅助手段、辅导教材等方面的信息。

——与其他职业培训组织联系。

——从事公众所关心的职业培训工作，特别是满足青年对良好、广泛教育的需要。

三、成员资格

第三条

3.1 定义

"成员"这一词的意思是指国家机构，不是指这个机构在本组织中的代表人，也不是指他们的国家。

3.2 入会

接纳新成员属于成员大会的权限。

3.3 前提

1. 成员资格向所有国家积极从事职业培训和教育的国家机构开放，只要该国家还没有其他机构加入本组织。成员大会将裁定例外情况。

2. 成员资格的申请必须以书面形式向秘书处提出，供常务委员会考虑。

3. 每一成员可以委任两名代表，包括一名官方代表，一名技术代表。

4. 如果参加成员大会的同一国家有一个以上的机构，那么稍后加入的机构只能通过它所委派的一名代表行使其成员资格的权力。但所有机构都须承担成员的全部义务。

5. 成员国有特殊贡献的代表或者本组织的主席可以根据成员大会

的决议被任命为名誉成员或名誉主席。

第四条

4.1 退会

1. 成员可以在每年末退出。退会者应将退会打算提前六个月通知秘书长，以供常务委员会考虑。

2. 退会意味着免除全部义务。

第五条

5.1 开除

1. 成员大会能决定开除成员。

2. 将被开除的成员有权在成员大会前提出申诉。

3. 开除的原因包括：

——屡次严重违反章程及其宗旨。

——长期不履行承担的财政义务。

四、经费和财政

第六条

6.1 财政年度即公历年（1月1日至12月31日）。

6.2 收入

本组织不以赢利为目的。其收入包括：

1. 年度会费。

2. 自愿捐助。

3. 工种说明、文献和分析资料的销售收入或会议盈余。

6.3 年度会费

成员大会根据预算决定年度会费。

第七条

7.1 责任

1．本组织的财产仅限于本组织认定的活动使用。

2．退会或由成员大会决定从本组织开除的成员无权对本组织的财产提出要求。

五、管理机构

第八条

8.1 管理机构

1．本组织的管理机构是：

（1）成员大会。

（2）常务委员会。

（3）行政委员会。

（4）技术委员会。

2．为实施特殊任务，委员会可下设所属分会。

3．本组织和分会成员没有报酬。

8.2 任职条件、任期

本组织主席和所有管理机构的主席及其副手由选举产生，任期三年，并可被改选，改选后任期内的剩余事项由新增成员负责。

8.3 法定人数

出席的成员至少达到全体成员的三分之二，为法定人数。

第九条

9.1 成员大会

1. 正常的成员大会每年至少举行一次，由官方代表和技术代表参加。

2. 根据常务委员会的决定或三分之一的成员请求，并提出需处理的事宜，可以随时召开成员大会。

9.2 会议通知

会议召开前至少六个星期，以信函或电传的方式通知成员，并说明需处理的事宜。

9.3 权力

成员大会主要具有以下权限：

1. 选举本组织主席。

2. 任命由下一届比赛东道国提议的第三副主席。

3. 选举秘书长。

4. 选举审计员。

5. 批准年度报告、财政报告、审计报告及撤销管理机构和解除秘书长职务。

6. 议定常务委员会的提议。

7. 议定行政委员会和技术委员会的提议。

8. 接纳和开除成员。

9. 任命荣誉成员或荣誉主席，决定给予成员或社团奖励。

10. 批准预算报告和决定年度会费。

11. 批准或修改规则。

12. 批准或修改章程。

13. 决定本组织的解散。

第十条

10.1 常务委员会

常务委员会由本组织主席、行政委员会主席和技术委员会主席即本组织第一、第二副主席及第三副主席组成。

10.2 职责

常务委员会负责处理成员大会权限以外的本组织事务,准备会议,提出建议。

10.3 根据需要,由主席召集常务委员会。

第十一条

11.1 行政委员会

行政委员会由官方代表组成。

11.2 职责

行政委员会负责处理本组织目标范围内的行政、组织和财政方面的工作,提出给成员大会的议案。行政委员会有充分自主权选举其主席和副主席。

11.3 会议

行政委员会每年至少召开一次会议。由主席信函通知,并由其说明需处理的事项。

第十二条

12.1 技术委员会

技术委员会由技术代表组成。

12.2 职责

技术委员会负责处理所有有关比赛的技术和组织事务,制定评分标准，向成员大会提出参赛选手资格标准。技术委员会根据为此目的而制定的特殊规则进行工作。技术委员会有充分的自主权选举其主席和副主席。

12.3 会议

根据需要，技术委员会会议由主席通知，并说明需处理的事项。

第十三条

13.1 审计员

成员大会选举两名审计员，一名代表行政委员会，另一名代表技术委员会，任期一年。

13.2 职责

审计员必须审计财政报告和财产、债务报告，并向成员大会报告。

第十四条

14.1 秘书长

在各管理机构的决议和规定的范围内，本组织秘书长负责处理日常事务，准备会议，协调本组织主席和两个委员会主席的有关事务，管理账目。细节由《议事规则》规定。

六、总则

第十五条

15.1 登记注册

成员大会决定本组织是否应当登记注册和是否申请参加其他国际团体。

15.2 议事规则

本组织事务根据《议事规则》条款处理。

第十六条

16.1 选举

1．选举名誉主席或名誉成员必须有四分之三的多数成员出席。

2．选举本组织主席、两个委员会主席及其副主席以及其他选举必须有足够多数。细节由《议事规则》规定。

16.2 表决

开除成员必须有四分之三的多数成员出席，进行投票表决。其他情况只要超过半数即可。

第十七条

17.1 解释

德文文本适用于《章程》和《议事规则》的解释。

七、结语

第十八条

18.1 有效日期

1．本《章程》的正式通过、修改或本组织的解散必须经四分之三的多数成员同意。

2．当本《章程》生效时，所有现存规则和条例失效，直到新的规则另外规定。

3．每一成员签署一份《章程》送交秘书长保存。

本《章程》于1985年10月20日在大阪的成员大会上批准，1986年1月1日生效。取代1975年9月25日在马德里批准的《章程》及1983年8月

28日于林茨所做的补充。

议事规则

一、有资格参加会议及其他活动的人员

1.1 代表

每成员国任命一名官方代表和一名技术代表（他们享有全部权利）。官方代表及技术代表均有权参加成员大会，每位代表只有一票表决权。

1.2 荣誉会员

荣誉会员、名誉主席可作为观察员参加各级会议，但无投票权。

二、竞赛及会议地点

2.1 会址

各级组织的每年例会在某一成员国召开，时间协商确定，由东道国代表发出邀请。

东道国组织会议将得到秘书处的全力支持。食宿费由参加会议的代表自理，会议期间的翻译费由秘书处提供。

会议的设施、访问及游览活动（如果安排了的话），由东道国提供。如果没有代表愿意资助会议，秘书长将采取必要的步骤，与常委会商量用尽量少的费用，在适当的地方召开会议。

2.2 竞赛地点

每位官方代表都可以向行政委员会建议在他的国家举行竞赛。如果他的申请被委员会批准，他将在适当的时间收到技术委员会主席和秘书长送来的组织竞赛所需的工作清单。

除了以下项目外，举行竞赛的所有费用由东道国承担：

——参赛选手和代表的旅行、食宿费。

——各级会议的翻译费。

——秘书处的旅行、食宿费。

三、表决

3.1 监票人

如果议事日程安排了表决，成员大会或有关机构应从有表决权的人员中任命一位监票人。监票人仍有投票权。

3.2 程序

对申请者进行表决，如果得到三分之二以上代表的同意则表明申请已获准。

如果某委员会的主席同时也是一名代表，他也有权投票。

缺席者的书面投票无效。

3.3 票数相等

在票数相等的情况下，主席的投票确认通过与否。

四、人员的选举

4.1 原则

人员的选举通常不公开进行，但应考虑候选人的专业能力，应尽量由所有国家均衡承担任务和职责。

特别是，主席和第一副主席及第二副主席不应来自同一国家。

4.2 本组织主席

本组织中任何合适的、有热情的、具有优良品格的代表都可被选为本委员会的主席。

在主席任期满前的最后八个月，秘书长向成员代表建议本主席是否能继续连任。同时，秘书长应提醒成员大会在下届会议至少二个月前提交候选人名单。

在此期间的最后两个星期，秘书长将收到的候选人名单通知全体成员进行秘密投票，由监票人和秘书长计票，第一副主席主持整个投票过程并宣布结果。

4.3 第一和第二副主席

行政委员会和技术委员会的主席均由秘密投票产生。

行政委员会主席也就是本组织的第一副主席，技术委员会的主席就是本组织的第二副主席。

如果某一成员的代表被选为本组织某一委员会的主席，该主席又不愿同时承担两种职务，该成员国有权提名另一位代表，但其旅行、食宿费由该成员承担。

4.4 第三副主席

第三副主席由下届竞赛东道国提名，该人通常是该国在本组织的官方代表。提名经成员大会批准方有效，任期至竞赛结束为止。

4.5 各委员会副主席

委员会的副主席由委员会的代表选举，秘书长协调这些选举。

4.6 审计员

行政委员会和技术委员会各从自己委员会的成员中向本组织推荐一名合格的审计员。

4.7 分委会

分委会经成员大会批准成立，分委会的工作由有关委员会主席负责协调，并同秘书长协商。

4.8 秘书长

秘书长由常务委员会提名，成员大会选举产生。

秘书长的任期与竞赛的安排一致，由成员大会决定。

在他任期期满至少一年前必须宣布自己是否愿意继续竞选下一届秘书长。他必须在任期期满前六个月参加重新竞选。

4.9 竞选公职条件

任何参加委员会或审计员选举的代表，必须履行本组织的财政义务。如果有几个候选人，在第一次投票中选举出来的代表必须是以绝对多数票数通过，在第二次投票中，只要以简单多数通过即可。

五、提交建议

5.1 口头建议

任何代表均有权对议事日程或备忘录提出建议。

5.2 书面建议

任何代表有权以书面形式（用四种工作语言中的任何一种均可），向秘书长提出建议。该建议被常委会认可后提交有关委员会并被列入下次会议的日程。若没有直接可行的解决办法，该建议至少会得到充分的讨论。

所提建议必须简明清楚，提议者有权在有关会议上口头解释，论证他的建议。

六、财政

6.1 原则

所有成员的代表的工作都是义务的。是否给予分委会旅费和住宿费资助由成员大会决定。只有常委会成员的差旅费、食宿费由预算支出，但参加其他机构的会议费用不包括在内。

作为新成员加入该组织的费用：

少于五千万人口的国家——7 000瑞士法郎。

超过五千万人口的国家——10 000瑞士法郎。

在得到加入该组织的批准后这些费用必须立即缴付，但可免除缴付当年的年度经费。

6.2 预算

预算决定了成员应上缴的年度经费的数量，在讨论预算的会议前适当时间将预算表提交给行政委员会的成员。

6.3 算术因素

采用算术因素法决定每个国家上交的经费比例，这个方法既考虑成员国的人口，也考虑该国上届选手的数量所占全部赛手的比例。

如果用这种系数计算法计算得某成员年度上缴经费少于最低数1 000瑞士法郎，则上缴最低数，这不影响其他成员的年度上缴经费。

6.4 财务说明

秘书长最迟在六月三十日前，将来年缴款清单提交每位官方代表，使其能及时通知他所代表的机构。

6.5 缴款规定日期

年度经费分两次付清，即：

财政年三月三十一日前交付50%。

财政年八月三十一日前交付50%。

年度经费必须用瑞士法郎现金支付。

6.6 欠款利息

如果年度经费未交，在规定时间的四十五天后将会有一份提示书通知该成员，并收缴从规定交款日期那天至收到款项那天所欠款项的利息。

6.7 换汇损失

欠款成员承担因拖延引起的外汇兑换的损失，如果兑换有盈余归本组织。

6.8 结算

年度结算通过后，如有剩余归所有成员，按算术因素法划分。秘书长有权保留不超过50 000瑞士法郎作为工作资金，以备急用。

七、成员大会及其他机构的权力和责任

7.1 成员大会

成员大会是本组织最高权力机构。成员大会处理本组织范围内的一切事务。行政委员会和技术委员会主席应向成员大会报告他们各自委员会的决议及工作进程。每位成员都有权提议对行政委员会或技术委员会作出的决议作重新考虑，提议者必须对其所提重新考虑的原因作出简明的、建设性的说明，紧接着的讨论不超过5分钟。如果提议得到出席者中的多数同意的话。它将被提交给有关的委员会重新考虑，反之则原决议有效。

7.2 常务委员会

常务委员会准备成员大会的事务，并协调各委员会的工作。常务委员会没有自己的权力。

7.3 行政委员会

行政委员会的一般职责包括：

——处理行政和机构事务。

——审查和修改议事规则。

——对预算和财政以及经费使用提出建议。

——与其他国际组织保持联系。

——做接受新成员的准备工作。

——改善公共关系。

——支持公共事业。

——开展各项活动以促进组织达到它的目的。

——代表成员大会准备奖品。

行政委员会作出的各项决议，应提交成员大会，在此之前决议不能实行。

7.4 技术委员会

技术委员会一般职责包括：

——解决竞赛过程中的技术问题。

——起草统一的工作标准。

——制定参赛选手的条件。

——制定竞赛评分标准。

——决定竞赛选手的荣誉和奖励。

——提议设立新的工种或取消旧的工种。

——提名专家人选。

技术委员会所作决议须提交成员大会，在此之前决议不能实行。

八、管理人员的权利和义务

8.1 本组织主席

主席主持成员大会和常务委员会，代表本组织处理与外界有关事务,随时了解掌握行政委员会和技术委员会的讨论和工作进程,鼓励本组织集体工作精神。

8.2 第一副主席

第一副主席参加常委会,负责行政委员会并主持会议,促进官方代表间及代表与观察员的接触。

主席缺席时,代替主席行使职权,组织并主持成员大会选举本届主席。

8.3 第二副主席

参加常委会,负责技术委员会并主持其会议,促进技术代表间及代表与专家的接触、交流。

8.4 第三副主席

参加常委会,并负责在他自己国家举办的竞赛的具体事务,充当东道国组委会与本组织及各委员会之间的联络员。

8.5 秘书长

秘书长的主要职责是:

——处理秘书处的工作,保持成员与代表之间的交往渠道畅通。

——准备各机构的会议,包括会议的议事日程及会议的有关文件。

——在竞赛地点组织会议,安排会议记录,提供年度报告及其译文。

——执行决议并对决议的执行进行监察。

——按要求妥善保管账目及资料。

——开发票及寄提示通知单,核查公文。

对下届竞赛东道国的组织事宜提供建议,确保秘书处在竞赛期间的工作有效、顺利进行。

8.6 副职

8.6.1 如果该组织主席因特殊原因不能履行其职责,第一副主席(或第二、第三副主席)行使其职责。

8.6.2 如果某委员会主席缺席,其副主席行使其职权。

如果副主席也缺席,常委会决定一个临时代理人,在该委员会正式会议前,由成员代表确认常委会建议。

如果某代表因可以解释的理由不能参加某一会议,他所代表的组织可以另派一名代表参加会议。

九、翻译

9.1 语言

所有管理机构的工作语言是德语、法语、英语、西班牙语。通信也用以上四种语言之一。

根据特定的场合和技术要求,常委会决定将要召开的会议在多大范围采用同声或连续翻译。

9.2 译员

译员由会议召开地的东道国提供,但须与秘书长协商。聘请译员既要考虑翻译的价格也要考虑质量。

翻译费由本组织预算支出,技术设备安装费尽量由东道国提供,在特殊情况下,秘书长决定从预算中给予有限的资助。

十、最后裁决

10.1 处罚

任何违反章程、议事规则、竞赛规则或其他决议的行为将受到处罚,处罚有以下几种形式:

——警告。

——告诫。

——取消比赛资格。

——取消名次。

——开除。

处罚由常委会决定，在特别严重情况下，可召开成员大会特别会议，进行最终裁决。

10.2 生效日期

本议事规则于1985年1月20日被批准并采纳，替代以前所有相关条例。本议事规则从1986年1月1日起生效。

工作程序

一、原则

1.1 范围

本工作程序包括国际青年奥林匹克技能竞赛主办国必须贯彻执行的决定。

1.2 依据（摘要）

1.2.1 国际组织的章程 （1985年12月31日）

为达到上述目标，本组织主要承担以下任务：

——定期举行成员国青年专业人员国际职业培训竞赛。

——通过研讨班、会议和分析资料的方式交流有关教育体制、教学方法、教学辅助手段、辅导教材等方面的信息。

——与其他职业培训组织联系。

——从事公众所关心的职业培训工作，特别是满足青年对良好、广泛的教育的需要。

1.2.2 议事规则（1985年12月31日）

每个官方代表都能于竞赛前至少三年提出举办竞赛申请。如果申请获得批准，官方代表必须以国家名义，签字确认遵守并执行工作程序规定的所有要求。工作程序只有经与秘书长及委员会协商后方可改变。

除以下费用外主办国承担所有组织竞赛所需的费用：

——参赛选手和代表团的旅行、住宿和饮食费用。

——委员会议和成员大会翻译费用。

——秘书处的旅行、住宿和饮食费用。

1.2.3 竞赛规则（1988年2月24日）

全部竞赛规则的内容都作为组织竞赛的基本依据。

1.2.4 工种说明

工种说明所提供的细节至少作为基本依据被运用于竞赛。任何由技术委员会做出的补充都具有约束力，只要这些补充与已经认可的由主办国提供的材料和机器相适应。

二、责任

2.1 基本决议

2.1.1 成员国必须在举行竞赛的前三年，通过秘书长向国际组织提交组织竞赛的书面申请。申请必须包括：

——竞赛地点。

——一般状况、时间。

——住宿和饮食的预计费用。

——承认所有国际竞赛准则。

——其他可能的情况。

2.1.2 下列年份为竞赛年：1991，1993，1995，1997，2001，2003，2005等。

2.1.3 必须及时地与秘书长讨论当地的状况和以往的经验。

2.2 竞赛前准备

竞赛举办前18个月：

——确定竞赛选手、专家、观察员和来宾的大概人数以便预定旅馆等。

——提供机器和工具的基本情况，并提供设施的总体布局图。

——确定竞赛日期和总体计划。

竞赛举办前12个月：

——修改总体计划，确定竞赛程序、游览、晚间活动、接待、委员会会议；

——收集关于各国新闻报道方面的信息。

——与秘书长协调组织口译和笔译人员。

——向专家提供竞赛用材料的样品和有关资料，以进行竞赛项目的准备。

竞赛举办前8个月：

——寄送明确的报名表。

——寄送日程安排及补充的信息和资料等。

——向技术委员会介绍机器、工具和竞赛材料，检查安全措施等。

——与秘书长一起在竞赛地修改工作分工清单。

竞赛举办前4个月：

——接收报名表，与秘书长一起及时更新报名登记表。

——接收保证金。

——确定竞赛规程,设计证书和奖牌等,决定人数。

——准备第三者讲话稿和公共宣传材料等。

——在竞赛地检查包括会议在内的全部活动及设施。

——决定开幕和闭幕程序。

——决定赠送各国代表团和名人的礼品及宴请活动。

——检查住宿、食物、费用等。

——考虑其他国家新闻媒介支持的可能性。

竞赛举办前2天:

——与秘书长一起最后检查所有场地和为秘书处准备的设施。

2.3 检查准备情况的阶段

——在竞赛场地或其他具有与竞赛环境条件相似的地点,为专家们和评审团主席准备适当的工作场地。

——为秘书处安装通讯办公设施。

——为培训专家提供服务。

——详细讨论开幕式和闭幕式。

——检查竞赛设施及工作场地等。

——关于宴会的详细情况。

——主办国和国际青年奥林匹克技能竞赛组织(IVTC)之间的信息交流。

——新闻发布会等。

——外交接待活动。

——旅馆和住房情况。

——领队会议。

——口译和笔译人员的日程安排。

——为客人准备的活动等。

——重要人物（VIP）。

——所有人员的登记。

——管理、安全、医疗、新闻办公室等。

——陪同人员的计划。

——代表团的接待和交通安排。

——奖状、证书、奖牌。

——安全措施。

——车间内工具的运送。

2.4 竞赛阶段

——负责竞赛工作的人员每天18：00点开会，交换意见和竞赛结果。

——口译人员活动安排。

——发布新闻。

——安全。

——清洁服务。

——运送专家和代表参加不同活动和会议的交通安排。

2.5 竞赛以后

——秘书处滞留一天，以完成收尾工作。

——评估。

——结账等。

——研究、分析今后改进的可能性。

三、合作

本国际组织是竞赛负责机构,主办国代表本国际组织举办竞赛。主办国的状况必须被尽可能地考虑。

主办国与秘书处密切合作,利用本工作程序,确定一个清晰的竞赛计划,该计划将于竞赛前24个月得到代表大会的批准。

1990年8月16日全体代表大会于赫尔辛基通过。

竞赛地点

竞赛场地必须相对集中,并有适当的基础设施。

——在一所合适的培训学校。

——在一个适合于竞赛的公共大厅内。

选手住宿条件应适当。其住地应距离赛场较近或乘车不超过30分钟。

陪同人员的住宿条件也应适当。如果可能,其住宿地应在赛场的步行距离之内,并应保证不论赛前还是竞赛过程中,专家都不能与选手接触。

竞赛场地必须符合安全的规定。工位必须分开,以避免参观者不必要的接近和对选手的打扰。

必须有男女分开的更衣室和盥洗室。

专家们需要有存放测试题目的保险柜,一张工作用桌和数把尺寸合适的椅子。

赛场必须为参赛者和来访者准备黑板和钉图纸的板子。下列为来访者准备的信息必须字迹清楚:

——工种名称和数量。

——参赛选手姓名和国籍或地区。

——专家的姓名和国籍或地区(在首席专家姓名下划出标志)。

——赛场主任的姓名。

——评审团主席的姓名和国籍或地区。

赞助者名单允许列出,但要放在后面。

此外,所有工种说明的规则都是适用的。

标准程序

日期	上午	下午
1	技术代表和专家到达	直到18:00
2	游览城市/技术委员会会议	专家培训
3	竞赛项目选择	修改竞赛项目
4	修改竞赛项目	确定竞赛项目
5	翻译	16:00工作结束
6	参赛选手到达	检查工作场地
7	技术委员会会议/翻译	行政委员会会议/游览
8	全体代表大会	游览/准备数控车床(CNC)
9	准备工作场地	开幕式
10—13	竞赛	竞赛
14	评分/游览	评分
15	10:00评分结束	评价/游览
16	全体大会	闭幕式/晚会
17	返程	

竞赛不应超过17天。

研讨会等应包括在这个期间内。

这个标准程序必须基本实行。只有在以下各点被充分考虑在内时才能进行调整:

——专家们准备竞赛必要的最低限度的时间。

——翻译的时间。

——竞赛的过程。

——评分时间。

基本点是:

——竞赛的4天内的时间分配。

时间分配表

时间	竞赛前一天	第一天	第二天	第三天	第四天
09:00		介绍竞赛计划			竞赛
10:00					
11:00		竞赛	竞赛	竞赛	招待会
12:00					
13:30	准备工作场地和机床数控车床（CNC）7小时	个人参观			竞赛
14:30					
15:30					交换意见
16:30		竞赛	竞赛	竞赛	
17:30					包装工具和机器

——留出一定的时间以备评分和评价发生错误时使用。

——与选手讨论分数以激励学习。

——官方会议将保持在最低限度并连续举行以便节约费用。

——一个包括主办国职业培训信息在内的总体计划。

——秘书处将在技术代表团和专家到达前一天就位，并准备好。

——赛场主任和翻译应充分了解他们的任务、工作时间以及专家

竞赛期间的组织结构图

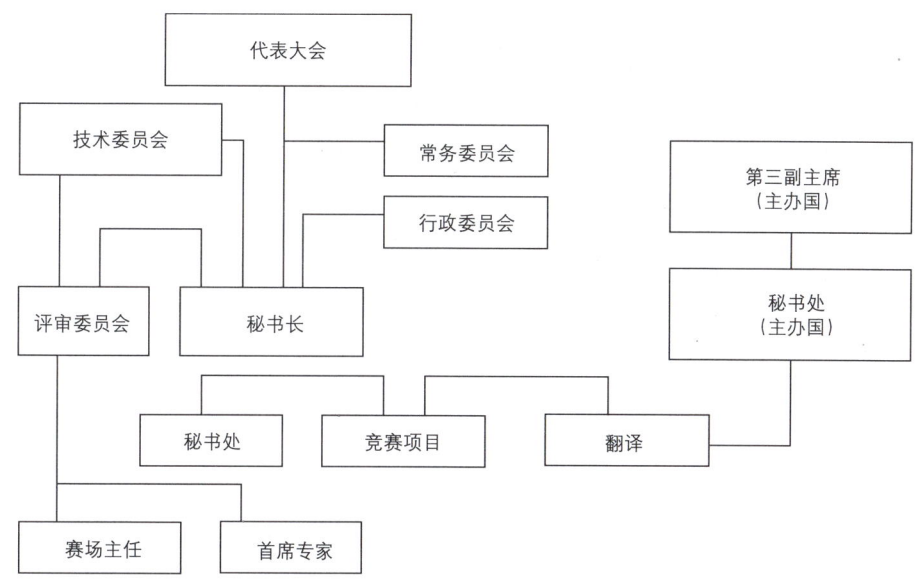

开始工作前他们的责任。

各分支机构和有关人员在国际组织中的任务和责任已经作了明确的分工。

主办国应及时通知国际组织机构，并委派一名专人负责与秘书处的所有联系。

竞赛规则

一、原则

1.1 范围

这一材料包括有效地组织和完成国际青年奥林匹克技能竞赛的决定。

详细规则和职责目录作为材料的一部分被列入附录中。

竞赛规则作为详细说明通用的工作技能范畴的根据。

竞赛规则的实施将由常设程序的第39条来保证。

国际青年奥林匹克技能竞赛希望在培训和技术领域内保持不断的发展。如果一个委员会提出建议，成员大会可在任何时候修改现有文件。

二、国际青年奥林匹克技能竞赛选手

2.1 参赛选手

每个成员国可根据官方的工种目录的每个工种选派一位参赛选手。条件是：

——在给定的工种中至少有6名选手报名参赛；

——参赛选手在比赛当年不超过22岁。

当初步报名到期时（一般在比赛前8～12个月），技术委员会便作出决定。

参赛选手的选拔由参赛国自己决定。

一位选手只能参加一次国际青年奥林匹克技能竞赛，但曾经参加过表演项目比赛的选手可以除外，只要其符合当时官方认可的竞赛条件。

每一位没有获得奖牌或奖品的参赛选手可获得一份参赛证书。

参赛选手必须了解"工种说明"和专用的"参赛者指南"（见附录1），必须得到恰当的安全方面的说明和指导，以免在主办国发生事故。

2.2 领队

每个成员国任命一位领队以保护其参赛者的利益。超过15名选手的代表队可有两名领队。

领队参加协调会议。如果一个成员国有两名领队，其中的一名被指定为官方发言人,另一名则作为竞赛组织者和秘书长的联络人。

领队应该知道在竞赛前和竞赛期间,参赛选手和专家之间不应有任何未经允许的接触。

在竞赛期间领队不被限制接触其本国的选手,但这种权利不应被误用于交流技术信息和解决问题的办法。

三、评审委员会、专家、赛场监督员

3.1 评审委员会

根据成员大会的决定,每个技术代表可担任一个或更多个工种的评审委员会主席,在评委会主席的指导下,由专家组成每一工种的评审委员会。评审委员会负责监督与各工种有关的所有事情。细则写在职责目录中(见附录2)。

3.2 首席专家

除具有一般专家资格外,首席专家应具备以下条件:

——拥有至少两次作为国际比赛的专家的经历;

——具有领导才能和组织能力;

——理解四种官方语言中的一种,能够支付使用一名翻译的费用;

——具有合作精神。

首席专家将由各工种中的专家选举产生,并得到评审委员会主席的同意。技术委员会也将对其认可。

工作期限制在竞赛期间内。在最长限度的工作期间内的专家也有可能被重新选举。

首席专家的职责被列在职责目录中(见附录3)。

如一些工种没有两次参加国际比赛的专家,技术委员会将根据评审委员会主席的提议选举首席专家。

3.3 专家

每个成员都有权提名一定数量的专家，专家人数可占报名参赛选手的40%。这一规定不适用于第一次参加竞赛的工种。

成员向秘书处推荐的专家，由技术委员会根据特定形式予以任命。这主要是考虑地区和语言方面的平衡。

技术委员会负责分配各个工种的专家、成员的建议都应在可能的情况下认真考虑。

每个工种专家数量标准：

选手数量	专家数量
6~7	3~4
8~10	4~5
11名及11名以上	5~6

作为一位专家应具有与某行业（或工种）相关的经验，并正在从事某种职业领域的工作。具有国内竞赛及任何形式的技能测验的经验者将会优先考虑。

技术代表必须根据相应的任务，准备数量充分的本国专家。专家必须熟悉各自的工种说明、竞赛要求和职责目录（见附录4）。

在第一个工作日开始时，专家必须根据工种说明和技术委员会的决定呈交一份完整的竞赛方案（用国际标准化组织A和国际标准化组织E）。如果不提交一份完整的竞赛方案，该专家将被认为不合格。

专家应参与竞赛工件的选择和准备，以及竞赛和评分过程。

原则上来说，专家应该保持客观、公正的态度和合作精神，必须回避与本国选手交流信息。

一名专家的工作期限是四届竞赛。少于10万人口的成员国除外。

3.4 技术观察员

举办下一届竞赛的成员国有权在上一届竞赛的每一个工种中派出一位技术观察员。总数可超过4%的分配名额。技术观察员可以提出测验方案,但不能参与测验方案的选择,也不能参与竞赛程序的决策。

如果需要,为了保证正确实施竞赛程序,技术委员会也可派出一名同正式专家享有同样权利和负有同样责任的技术观察员。

3.5 赛场监督员

竞赛主办国可在每一个工种中指定一位有能力的赛场监督员(其职责见附录5)。赛场监督员负责赛场设备、材料准备、安全及保持秩序和整洁,帮助专家履行其职责。可为赛场监督员选派一名助手。

赛场监督员不参与评分工作,他对参赛者保持中立。

四、观察员

4.1 官方观察员

每个成员自由选派两名官方观察员参观比赛。官方观察员可以与选手接触,但只允许在专家、技术代表、官方代表或领队面前交换意见。

官方观察员可被邀请参加官方招待会,也可以在征得秘书长同意后,以观察员的身份参加委员会会议。

4.2 观察员

每个成员国在举办国能力许可的条件下,可以派遣尽可能多的观察员。

观察员可作为旁观者对比赛进行跟踪参观,参加特定的信息交流会，还可以参加集体游览和一般招待会，但无特殊的地位。

4.3 接触

常委会成员、官方代表、技术代表和领队在任何时候都可以接近所有选手的工作地点。

五、竞赛规定

5.1 工种数目

参赛工种限于40个。

如果限额已满，只有在一个已有工种被取消的情况下，才能新增一个工种。

5.2 新工种的接纳

在以4种官方竞赛语言提供工种说明并进行与之相一致的表演活动的情况下，成员大会对是否接纳新工种作出决定。

5.3 每一工种参赛者的最少人数

在6名选手报名至少有5名选手参赛的情况下，竞赛在确定的工种内进行。如果少于5名选手参赛，成员大会在赛前决定是否限制获奖人数；赛后，技术委员会给成员大会提交一份建议，成员大会对有争议的工种是否应保持或取消作出决定。

如果某项工种少于6名选手报名参赛，这样的工种将在下次比赛中取消。成员大会根据技术委员会取消该工种的建议作出决定。

5.4 比赛期限

比赛持续4天，实际用时12～24小时，保证有两天以上的时间用来评分；保证1个小时以上的时间用来介绍比赛方案和1小时以上的时间用于赛后经验交流。

5.5 试题

不仅专家可以而且其他任何人也可以向评审委员会提出测试方案，但试题的选定只由评审委员会负责。

由评审委员会选定的试题再由专家作技术和图解上的处理，直到这些试题只需再作拷贝。

如果所需的测试项目通过图纸便能清晰地了解，就不必要再进行附加的描述。如果需要说明，则这些说明必须被译成目前专家和参赛选手均能理解的语言。

代表团可向秘书处要求获得以前竞赛试题的拷贝。

选手可获得关于试题、评分标准和安全准则的详细信息。

5.6 翻译

参赛选手要能获得以其母语表述的试题和相关的指导。

组织者和秘书处必须提供合格的翻译。专家和技术代表有权要求得到翻译的帮助。选手不可以从翻译过程中获取信息。

5.7 注册

参赛选手、专家、观察员和来宾在三个阶段注册：

——初步报名约在赛前18个月进行。

——对初步报名的审查和更改约在赛前8至12个月进行。

——最后的注册名单约在赛前三个月通过填写适当的表格而确认。

秘书处负责协调时限，提供有关文件与信息，以及与组织者的联络。

六、竞赛的组织

6.1 组织者的责任

竞赛的组织者负责根据工种说明提供合适的工作间和相应的设

备，而且，要根据技术委员会的决定，向所有技术代表提供有关机器和设备以及所给定的材料样品的文字资料和信息。组织者还负责了解本地区的有关情况（电力供给、安全设施等）。

组织者要为秘书处、翻译和口译员提供最适宜的工作条件。

组织者要同常委会合作，准备一个全面的竞赛计划和所有参赛者的食宿计划。

组织者至少应在赛前12个月向每个参赛成员国提供指导性价格。负责接待所有成员国的代表和来宾。

6.2 研讨会（信息交流会）

组织者应为参赛者提供广泛了解其职业培训体系的机会。通过与秘书处合作举办相应的研讨会，参观培训中心和工厂，以便使所有参赛选手受益。组织者还需特别注意使参赛选手赛后了解其成绩和不足，应在观察员和专家之间进行有效沟通，以便交流思想和经验。

6.3 公共关系

如竞赛的组织者希望作为唯一窗口向当地传播媒介提供信息秘书处应对其予以支持。

参赛国的公共关系由其自己决定。广播、电视、报刊的记者在不干扰比赛进程的情况下，可以接近比赛现场。赛前禁止在赛场（工作间）播放电影和录像。比赛期间在赛场（工作间）放电影和录像要征得负责者和有争议工种评审团主席的同意、技术委员会的同意，或者是同组织者合作的秘书处的同意。

此外，在比赛期间不允许放映或图展试题或试题内容，也不允许在比赛结束之前与参赛选手讨论试题。

6.4 经费

组织者尽可能承担工作间设备、设施、接待和与集体旅游有关的费用。旅行、食宿费由参赛成员国自理。经费估算需在赛前12个月公布。

七、奖励

根据以往制定的评分标准（见工种说明）给试卷评分，并通过计算机换算为400～600分制。

7.1 奖牌

获得第一、二、三名的选手分别授予金、银、铜牌。

例外的情况：

如果参赛选手之间的差别不超过2分，可以获得并列奖牌。

如：

金牌：两块金牌，无银牌，一块或一块以上铜牌。

银牌：一块金牌，两块或两块以上银牌，无铜牌。

铜牌：一块金牌，一块银牌，两块或两块以上铜牌。

7.2 证书

没有获得奖牌的选手，若得分在500分或500分以上者可授予"优秀技能能手"证书。

7.3 优胜国

在获得奖牌的选手中有获得最高奖的选手，并且所有获得奖牌的选手的总成绩最高的国家被命名为"优胜国"。

如果某工种只颁发了一枚奖牌，奖牌获得者的所在国同时被命名为"优胜国"。

如果参赛国没有获得任何奖牌，那么该国最好成绩的荣誉应归参

赛选手。

7.4 得分计算

下面的规则应用于得分计算。

1．专家给分在1～10的范围内，精确到小数点后两位数。

2．评委给出的总分数精确到小数点后两位。

3．选手所得的标准分数保留所有小数。

4．四舍五入。小数点后两位数小于0.5或0.05的数舍去，大于0.5或0.05进一位。

八、末款

8.1 工种说明

工种说明要由评审委员会根据工艺技术状况不断更新。

工种说明的修改、更新或增加将由评委主任以书面形式向秘书长提交报告，秘书长在10周之内作出评价。

在秘书长作出评价之后，修改了的版本将由秘书长呈送给所有技术代表，以便在下一次技术委员会上讨论通过。

8.2 秘书处

秘书处负责通过与组织者和各委员会主席的密切合作，在比赛期间进行有效管理。与秘书处的接触范围要严格限制,只有一定的权威人士才能与秘书处接触。

8.3 批准

上述比赛规则已在悉尼经成员大会批准并立即生效。

附录1　参赛者指南

1．赛前准备

参赛者将由本国组织者向其简要介绍有关国际青年奥林匹克技能竞赛规则、工种说明、竞赛所采用的工具和辅助材料、一般评分标准和东道主国度的礼仪和习俗。

2．临赛准备

2.1 比赛开始的前一天，参赛选手至少有三个小时的时间在专家和赛场监督员的指导下准备其工作场地（工作场地将由抽签决定）、操作工具，熟悉机器和辅助材料。参赛选手必须注意安全，以免发生事故。

参赛选手有权提出疑问，且通过介绍之后必须使选手确信自己已经熟悉了所有情况。评审委员会根据参赛选手必须持有的护照或身份卡检查选手的个人材料（资格方面的情况）是否合格，也要检查选手用何种语言才能接受指导和理解试题。

2.2 在比赛即将开始之前，参赛选手应得到他们的试题和关于评分体系的解释和说明。在实际比赛开始前一个小时，应允许选手研究其试卷并提问。

3．一般性指导

3.1 参赛选手负责检查其工具、仪器和辅助材料。如果缺少任何一种比赛器材，参赛选手必须与首席专家取得联系，并使其从举办国得到可靠的代用件。

3.2 参赛选手必须将自己使用的测量仪器与评审委员会规定的测量仪器进行比较，以免出现误差。

3.3 在最后交卷时，参赛选手必须在所有测试工件和试卷上注明参赛选手的个人代码。

3.4 参赛选手只有在首席专家发出指令后才能开始或者结束比赛。

3.5 如果没有专家的允许，参赛选手在比赛期间不得与其他参赛选手或来宾交谈。

3.6 如果其材料损坏或丢失，参赛选手可请求提供替代材料，但这样会导致参赛选手被扣分。

3.7 参赛选手必须严格遵循由"工种说明"指明的或由专家指示的安全和保护标准。属于机器和设备上的非正常运转问题必须立即报告。在对所有材料进行移动操作时，必须佩戴安全防护镜。鞋和工作服必须符合安全标准。

3.8 如果参赛选手生病，必须向首席专家报告，由评审委员会决定是否对其失去的时间进行补偿。

4．赛后

比赛结束后，必须给参赛选手与其他参赛选手和专家交流思想和经验的机会。其间，可以讨论比赛方法、工具、机器等，但必须避免讨论考题本身。首席专家紧接着要对包装工具和设备进行指导。另外，应在赛后保持工作间整洁。

在宣布等级后，参赛选手有权利了解其比赛结果。

5．信息

领队负责所有赛场外的与比赛进程有关的信息。

附录2　评审委员会职责

1. 评审委员会的组成

每个工种要任命一个评审委员会，它由下列人员组成：

——主席，由技术委员会在各位技术专家代表中选出；

——首席专家；

——被选定的专家们。

一名技术专家代表可同时担任几个评审委员会的主席。

2. 主席

评审委员会主席负责按照比赛手册充分准备比赛，执行技术委员会的决定，使比赛正常进行，并对评分进行指导和监督。

评审委员会主席要向技术委员会主席汇报，并能代表技术委员会委托首席专家进行工作。

3. 职责

与评审委员会成员合作的评审委员会主席负有如下职责：

3.1 在比赛前检查由主办国提供的装置、机器、工具、材料、设备和仪器。

3.2 选择试题方案，决定评分标准，确定完成试题的时间限度，列出工具单，为参赛选手准备仪器。

3.3 在比赛之前检查选手的登记表是否正确，如出生日期、国籍、姓名和语言。

3.4 向秘书长提交完整的经过检查的资料。

3.5 与翻译一起，确保参赛选手从比赛一开始就用他所能理解的语言获得所希望的信息。

3.6 与赛场监督员合作，确保比赛所必需的材料。

3.7 以抽签的方式决定参赛选手的工作间、机器和设备。

3.8 确保参赛选手有充足的时间检查材料、机器、设备和仪器。

3.9 为评估参赛选手的训练，准备必要的测量仪器，给参赛选手以足够的时间检查其使用的测量仪器是否与评审委员会决定的标准一致。

3.10 不断监督参赛选手的工作。

3.11 防止使用不允许使用的操作方法和工具。

3.12 确保参赛选手所需要的所有技术数据由首席专家亲自传递给他们，不准给参赛选手不可靠的技术信息。

3.13 确保与选手之间的所有联系通过主席或首席专家进行。

3.14 记录下所有参赛选手的工作时间并向其通知准确的工作进程时间。

3.15 向选手提供替代材料，并记录以备评分之用。

3.16 在比赛期间禁止选手与未经许可的人谈话。

3.17 对评分结果保密。

3.18 如有必要，建议技术委员会延长工作时间。

附录3　首席专家职责

首席专家作为评审委员会主席的助手，他的主要职责是：

——认真选择、修订和翻译考试题、各种详细说明和评分标准，最后一起给参赛选手。

——填写评分表格。

——执行安全标准。

——不能与未经许可的人联系。

——要求有充足的时间，以对相关的机器或材料进行调整或进行计时方法上的变更。

——同评审委员会合作，修订工种说明。

首席专家可在任何情况下直接与秘书长联系，以准备试题或对试题进行翻译。

在特定情况下，首席专家可被要求参加技术委员会会议。

附录4 专家职责

1. 专家要确保参赛选手遵守比赛规则和规定，不允许有任何迁就违反比赛规则的选手的渎职行为发生。

2. 专家不允许在参赛选手面前评判他们的工作。参赛选手的成绩只可以向评审委员会主席报告。

3. 专家不允许在试题理解方面为选手提供任何帮助。在有疑问的情况下，由主席或首席专家决定。

4. 专家负责保证记录的完整性。

5. 如果选手生病，专家应通知主席。

6. 保证有足够的空间放置机器和进行工作。

7. 工作间必须有适当的照明，专家根据照明的用途和工作类型来决定采用自然光或人工光照明。

8. 机器的活动零件和危险部件必须被保护起来。

9. 机器、保护装置、设备或设施的任何故障应得到解决。

10. 通知参赛选手必须遵守事故防护标准。

附录5　监督员职责

组织者在每个工种上指定一名监督员。监督员作为一名技术观察员可参加前一次比赛以便增长知识。组织者应作出相应的决定。

监督员必须向评审委员会主席汇报。

监督员的主要职责包括：

——所有工作间的设施、机器、工具、电源及水源的连接，以及所有在工种说明中提到的具体事项。

——根据评审委员会决定，保证比赛所用材料的可靠性。

——保持比赛秩序和场地的整洁。

——对安全措施及其说明进行指导。

——领取并封存部分试题和图样。

监督员对待参赛选手必须中立，只有评委在特殊情况下才能接待参赛选手的咨询，监督员不能评价试题。

监督员可出席选择试题的会议，但不参与讨论，而是一个特定的在场人。

经评审委员会同意，监督员可以指定一名助手，这名助手必须遵守同样的规则。

监督员对组织者负责。他们应了解来自技术委员会主席和秘书处在讨论会上关于任何特殊环境和比赛进程的情况。

组织者可指定一名协调者负责职业目录，协调者可对职业目录进行进一步分类。协调者可随时进入有关比赛的工作间。

附件三　竞赛标准

比赛评分标准（以焊接比赛为例）

仰焊板状试件外观检查项目及评分标准

明码号		评分员签名		合计分		
检查项目	标准、分数	焊缝等级				实际得分
		I	II	III	IV	
焊缝余高	标准（mm）	0~2	≤3	≤4	>4或<0	
	分数（分）	4	3	1	0	
焊缝高低差	标准（mm）	≤1	>1,≤2	>2,≤3	>3	
	分数（分）	4	3	1	0	
焊缝宽度	标准（mm）	≤20	>20,≤21	>21,≤22	>22	
	分数（分）	4	2	1	0	
焊缝宽窄差	标准（mm）	≤1.5	>1.5,≤2	>2,≤3	>3	
	分数（分）	4	2	1	0	
咬边	标准（mm）	0	深度≤0.5且长度≤15	深度≤0.5且15<长度≤30	深度>0.5或长度>30	
	分数（分）	10	7	5	0	
未焊透	标准（mm）	0	深度≤0.5且长度≤15	深度≤0.5且15<长度≤30	深度>0.5或长度>30	
	分数（分）	6	3	5	0	
背面焊缝凹陷	标准（mm）	0	深度≤0.5且长度≤15	深度≤0.5且15<长度≤30	深度>1.2或长度>30	
	分数（分）	4	2	1	0	
错边量	标准（mm）	0	≤0.7	>0.7,≤1.2	>1.2	
	分数（分）	4	2	1	0	
角变形	标准（mm）	0~1	≥1,≤3	>3,≤5	>5	
	分数（分）	5	3	1	0	

续表

明码号		评分员签名			合计分	
		优	良	一般	差	
焊缝外表成形	标准	成形美观，鱼鳞均匀细密，高低宽窄一致	成形较好，鱼鳞均匀，焊缝平整	成形尚可，焊缝平直	焊缝弯曲，高低宽窄明显，有表面焊接缺陷	
	分数（分）	5	3	1	0	

注：1. 焊缝未盖面、焊缝表面及根部以外或试件做舞弊标记，则该单项作0分处理。
2. 凡焊缝表面有裂纹、夹渣、未熔合、气孔、焊瘤等缺陷之一的，该试件外观为0分。
3. 试件的X射线检验按JB4730—94评定。

容器氩弧焊外观检查项目及评分标准

明码号		评分员签名			合计分		
检查项目	标准、分数	焊缝等级				实际得分
		I	II	III	IV	
焊缝余高	标准（mm）	0~0.5	≤1	≤1.5	>1.5，<0	
	分数（分）	8	6	4	0	
焊缝高低差	标准（mm）	≤0.5	>0.5，≤1	>1，≤2	>2	
	分数（分）	5	3	2	0	
焊缝宽度	标准（mm）	≤12	>12，≤13	>13，≤14	>14	
	分数（分）	5	3	2	0	
焊缝宽窄差	标准（mm）	≤1	>1，≤1.5	>1.5，≤3	>3	
	分数（分）	6	4	2	0	
咬边	标准（mm）	0	深度≤0.5且长度≤15	深度≤0.5，10<长度≤20	深度>0.5或长度>30	
	分数（分）	10	8	5	0	
焊缝外表成形		优	良	一般	差	
	标准	成形美观，鱼鳞均匀细密，高低宽窄一致	成形较好，鱼鳞均匀，焊缝平整	成形尚可，焊缝平直	焊缝弯曲，高低宽窄明显，有表面焊接缺陷	
	分数（分）	6	4	2	0	

注：1. 焊缝未盖面、焊缝表面及根部以外或试件做舞弊标记，则该单项作0分处理。
2. 凡焊缝表面有裂纹、夹渣、未熔合、气孔、焊瘤等缺陷之一的，该试件外观为0分。

容器角焊缝（电焊）外观评分标准

明码号		评分员签名		合计分	
焊缝类别		评分标准			得分
I		无裂缝、气孔、夹渣、未熔、焊瘤，成形饱满、过渡圆滑、波纹均匀，成形美观（10分）			
II		咬边累计长度占总长度的1%，且≤10mm（10分） 咬边累计长度占总长度的5%，且10mm＜长度≤45mm（6分） 45mm＜咬边累计长度≤90mm（3分）			
III		焊瘤相对开度＞3mm 表面有焊瘤、裂纹、夹渣、气孔 未焊满长度＞10mm 以上三项中有一项则为0分，满分为10分			

容器二氧化碳气体保护焊外观检查项目及评分标准

明码号			评分员签名		合计分		
检查项目及标准							实际得分
正面	焊缝高度	0.5～2mm 4分	≤3mm 2分		＞3mm，＜0 0分		
	高度差	0.5～2mm 6分	≤3mm，≤2mm 2分		＞2mm 0分		
	焊缝宽度	≤17mm 4分	＞17mm，≤18mm 2分		＞18mm 0分		
	宽度差	0～1mm 6分	＞1mm，≤2mm 3分		＞2mm 0分		
	咬边	无咬边 8分	深度＜0.5mm，每2mm长扣1分（最多扣8分）		深度＞0.5mm 0分		
	气孔	无气孔 4分	气孔≤Φ1.5mm，有1个气孔扣2分		气孔＞Φ1.5mm或数目＞1个 0分		
	表面成形		优8分；良5分；一般3分；差0分。				

注：1. 满分为40分。
　　2. 气孔检查采用5倍放大镜。
　　3. 表面有裂纹、夹杂、未熔合等缺陷之一，外观作0分处理。
　　4. 焊缝未盖面、焊缝表面经修补或试件做舞弊标记的，该单项作0分处理。
　　5. 此处无焊瘤系指焊瘤尺寸≤3mm。

容器二氧化碳气体保护焊外观检查项目及评分标准

明码号	评分员签名	合计分	
	0~5MPa	合格	50%
	超过5MPa的数值即为该试件的得分百分数		

容器电焊对接焊缝检验项目及评分标准

明码号		评分员签名		合计分		
检查项目	标准、分数	焊缝等级				实际得分
		I	II	III	IV	
焊缝余高	标准（mm）	0~2	≤3	≤4	>4或<0	
	分数（分）	4	3	1	0	
焊缝高低差	标准（mm）	≤1	>1，≤2	>2，≤3	>3	
	分数（分）	4	3	1	0	
焊缝宽度	标准（mm）	≤20	>20，≤21	>21，≤22	>22	
	分数（分）	4	2	1	0	
焊缝宽窄差	标准（mm）	≤1.5	>1.5，≤2	>2，≤3	>3	
	分数	4	2	1	0	
咬边	标准（mm）	0	深度≤0.5且长度≤15	深度≤0.5且15<长度≤30	深度>0.5或长度>30	
	分数（分）	10	7	5	0	
背面焊缝凹陷	标准（mm）	0	深度≤0.5且长度≤15	深度≤0.5且15<长度≤30	深度>1.2或长度>30	
	分数（分）	4	2	1	0	
焊缝外表成形		优	良	一般	差	
	标准	成形美观，鱼鳞均匀细密，高低宽窄一致	成形较好，鱼鳞均匀，焊缝平整	成形尚可，焊缝平直	焊缝弯曲，高低宽窄明显，有表面焊接缺陷	
	分数（分）	6	3	1	0	

注：1. 焊缝未盖面、焊缝表面及根部以外或试件做舞弊标记，则该单项作0分处理。
2. 凡焊缝表面有裂纹、夹渣、未熔合、气孔、焊瘤等缺陷之一的，该试件外观为0分。

比赛统计用表(以焊接比赛为例)

选手自选焊机统计表

姓名	证号	单位	手工焊 氩弧焊 自选焊机	二氧化碳焊 自选焊机	备注

××××比赛抽签单

××××比赛抽签单

选手姓名:_____ 选手证号:_____

A组:第　　轮　　　工位:

B组:第　　轮　　　工位:

注:一次性抽签,抽签单应妥善保存。

组委会

年　月　日

(一式两份:会务留底一份,另一份作为选手进场比赛凭证)

选手自选焊机统计表

姓名	证号	单位	手工焊 氩弧焊 自选焊机	二氧化碳焊 自选焊机	备注

试件（比赛）流转卡（仰板、容器）

选手姓名		选手证号		A场：第　　轮	
工序名称	交接时间	经手人签名				
领件组对		选手：		保管：	
组对完交回		选手：		保管：	
领件比赛		选手：		保管：	
赛完交回		选手：		保密员：	
		监考：				

注：1. 凭选手证和抽签单履行本流转卡各项程序。
　　2. 本卡赛后交给保密员存档。

外观及射线检查成绩汇总表

明码号	成绩					备注
	外观	射线	合计	名次	

裁判长签名：

附件四　各类表格样式

全国职业技能竞赛申请备案表

申请单位（章）_____

负　责　人　_____

联　系　电　话　_____

申　请　日　期　　　年　月　日

中国就业培训技术指导中心

填表说明

一、凡举办冠以"全国""中国"等名称的职业技能竞赛活动需填报此表。

二、主办单位应于下发竞赛通知前两个月，将此表报送中国就业培训技术指导中心技能竞赛处。

三、表中所列"主办单位上级主管部门意见"系指行业劳动保障工作机构或所属主管部门意见。

四、表中所列比赛场地、设备、技术文件等要求，应另附相关资料。

五、此表可打印或用钢笔填写，一式三份。

申办竞赛名称			
主办单位			
承办单位			
协办单位	(1)　　　　　　　(2) (3)　　　　　　　(4)		
竞赛规模	参加初赛＿＿＿人；　参加决赛＿＿＿人		
竞赛职业 （工种）	职业（工种）名称	职业代码	国家职业标准等级
参赛地区			
境外参赛组织 （机构）名称			
竞赛组织时间	＿＿＿年＿＿月至＿＿＿年＿＿月		
全国决赛时间	＿＿＿年＿＿月	全国决赛地点	＿＿＿省 ＿＿＿市
竞赛经费来源			
是否具备相应 比赛场地和设备			
是否有相应 的技术文件			
是否建立了满足竞赛 使用的国家级裁判员 队伍	职业（工种）名称	现有裁判员人数	计划培训裁判员人数
组织机构名称			
办公地址			
联系人		联系电话	

续表

竞赛主办单位上级主管部门意见	
中国就业培训技术指导中心意见	
人力资源和社会保障部业务主管部门意见	
批准竞赛活动名称	
有 效 期	自　　年　　月　　日至　　年　　月　　日止
备　　注	

国家职业技能竞赛裁判员资格证书登记表

填表日期　年　月　日

姓　名		性　别		年　龄		免冠1寸近照
专业（或工种）		职称或技术等级				
工作单位						
通信地址						
邮政编码		联系电话				
身份证号码						

参加原劳动和社会保障部鉴定中心组织的裁判员培训班时间和考核成绩	参加培训地点：＿＿＿＿＿＿＿ 参加培训时间：＿＿＿＿＿年＿＿＿月＿＿＿日至＿＿＿月＿＿＿日 考核成绩：＿＿＿＿＿＿＿
委托培训单位意见	 签　章： 年　月　日
发证单位审核意见	 签　章： 年　月　日

注：本登记表一式两份，由原劳动和社会保障部职业技能鉴定中心存档备查。

国家职业技能竞赛裁判员审验申请表

证书编号：

姓　　名		性别		年龄		免冠1寸近照
专业或工种		职称或技术等级				
工作单位						
通信地址						
邮政编码			联系电话			
身份证号						
执裁情况详细名称和时间						
执裁过程中有何重大过失（推荐单位填写）						
年审时间		有效期至		年　月　日		
推荐单位意见	签　章 年　月　日		审核单位意见	签　章 年　月　日		

注：1. 提交申请时，请将国家职业技能竞赛裁判员证书与胸卡一并上交。
　　2. 执裁情况项目中须填写有效期内参加的省市级以上职业技能竞赛。
　　3. 申请人务必如实填写无底纹项目，书写时要字迹清晰、规范。

附 件

全国技术能手申报表

(国家级职业技能竞赛专用)

姓　　名 _____

工作单位 _____

竞赛名称 _____

年　　月　　日

注 意 事 项

1. 本表供申报全国技术能手使用，填写内容应经人事组织部门审核认可。

2. 一律用计算机A4纸打印，内容要具体、真实、字迹清楚。

3. 如填写内容较多，可另加附页。

4. 此表需候选人所在单位加盖骑缝章。

5. 表格中涉及证明人或证明材料的，请填写证明人的姓名（如本单位人事部门的负责人）或附证明材料的复印件。

6. 此表一式两份，由全国职业技能竞赛组织委员会存档。

7. 此页不必申报。

附 件

姓　　名		性　　别		照片	
出生日期		民　　族			
政治面貌		文化程度			
职业（工种）		技能水平			
参加工作时间		从事本职业（工种）时间		邮政编码	
工作单位					
身份证号码					
通信地址					
联系电话（座机）		手　　机			
参赛工种及分组		决赛名次			
理 论 成 绩		实操成绩			
主 要 经 历					
起止时间	在何单位学习、工作			证明人	

续表

项 目	内 容	证明人或证明材料
参加其他职业技能竞赛获奖情况		
曾获得的荣誉称号		
其他获奖情况		

身份证复印件粘贴处	
正面	背面

续表

本人所在	单位意见	签字盖章 　年　　月　　日
本次竞赛地方	组织委员会意见	签字盖章 　年　　月　　日
本次竞赛	主办单位意见	签字盖章 　年　　月　　日
本次竞赛全国	组织委员会意见	签字盖章 　年　　月　　日
全国职业技能竞赛	组织委员会意见	签字盖章 　年　　月　　日

职业技能竞赛获奖选手晋升职业资格等级审批表

编号：

姓　名		性　别		照片(2寸)
文化程度		职业（工种）		
出生日期		联系电话		
工作单位				
通信地址				
身份证号		邮政编码		
比赛名称		竞赛项目		
竞赛类别		比赛名次		理论成绩		实操成绩	
现职业资格等级		拟认定职业资格等级		
竞赛组委会秘书处或办公室意见	签章： 　年　月　日
原劳动和社会保障部职业技能鉴定中心竞赛处意见	签章： 　年　月　日
备注	

本表一式两份。

全国职业技能竞赛晋升职业资格人员汇总表

申报单位（组织机构）名称（章）：

序号	姓名	参赛工种及组别	名次	性别	文化程度	身份证号	现持职业资格证书等级	拟认定职业资格等级	理论成绩	实操成绩

后 记

  时间过得真快，不经意间已在这个岗位上工作了十年。十年来，有艰辛，有汗水，但得到更多的是成功的喜悦和对事业的一份责任。

  十年来，职业技能竞赛工作从小到大，由弱变强，从一种群众性的活动，变成了得到社会各界认同的技能人才评价手段。从这个平台上，走出了技能楷模、中华技能大奖获得者和全国技术能手，走出了企业关键技术岗位上的骨干力量。今天，我们把十年来的经验汇集在这本小册子上，把竞赛的政策法规、样本文件和注意事项等用文字和图表形式呈现出来，希望每一个参与竞赛活动的人能够以此作为工作指南。这本小册子凝聚了参与竞赛工作的方法专家和技术专家们的共同心血和智慧结晶，相信它会是一件顺手的工具，把您带向成功的捷径。

  希望您在使用这本书时，随时将您的意见和建议传达给我们。让我们携起手来共同为技能竞赛活动的健康成长贡献力量！

  联系方式：jingsaichu@yahoo.com.cn

贾伟一